WOLFGANG HEL

OSTERN 2026

Wolfgang Held

Sternkalender

Ostern 2026 bis Ostern 2027

Die totale
Sonnenfinsternis
im Jahr des Löwen

VERLAG AM GOETHEANUM

Bildnachweis: S. 2, 3, 10, 11, 116, 117 Foto: Mathias Krumbholz • S. 12, 13, 18, 19, 24, 25, 32, 33, 38, 39, 60, 61, 68, 69, 74, 75, 80, 81, 88, 89, 94, 95, 100, 101, 108, 109 © Mor65/Getty-images/iStockphoto.com • S. 47 Foto flickr. David Bryne, Sonnenfinsternis auf den Färö-er-Inseln • S. 55 Robert Jay GaBany – https://en.wikipedia.org/wiki/Lunar_eclipse#/media/File:Lunar_eclipse_04-15-2014_by_R_Jay_GaBany.jpg • S. 128 Foto: Torsten Edelmann • S. 136 Merkur: NASA/Johns Hopkins University Applied Physics Laboratory/Carnegie Institution of Washington • S. 136 Venus: http://laps.noaa.gov/albers/sos/venus/venus4/venus4_rgb_cyl_www.jpg • S. 137 Mars: NASA/JPL/MSSS – http://www.jpl.nasa.gov/spaceimages/details.php?id=PIA02653 • S. 137 Jupiter: https://commons.wikimedia.org/wiki/File:Jupiter_Earth_Comparison.png • S. 138 Saturn: NASA/JPL/Space Science Institute – JPL Photojournal • S. 138 Uranus: NASA/JPL-Caltech – http://web.archive.org/web/20090119235457/http://planetquest.jpl.nasa.gov/milestones_show/slide1.html • S. 139 Neptun: NASA/JPL – http://photojournal.jpl.nasa.gov/catalog/PIA00046 • Größenvergleiche der Planeten: wikipedia.org • Grafiken: Wolfgang Held

Der Verlag am Goetheanum im Internet
www.goetheanum-verlag.ch

Verlag am Goetheanum
Philosophisch-Anthroposophische Verlage AG
St. Johanns-Vorstadt 19/21, CH–4056 Basel
info@goetheanum-verlag.ch

Bevollmächtigter in der EU im Sinne des Artikels 16 Absatz 1
der Verordnung zur allgemeinen Produktsicherheit GPSR:
ATHENA Verlag e. K., Mellinghofer Straße 126,
DE–46047 Oberhausen, info@athena-verlag.de

Einbandgestaltung von Wolfram Schildt, Berlin, unter Verwendung
von Bildern von © Gerald Corsi, Getty-images/iStockphoto.com
und © Alejandro MF, Getty-images/iStockphoto.com
Gestaltung: Wolfram Schildt, Berlin
Druck und Bindung: Jelgavas Tipogrāfija, Jelgava, Lettland
Printed in Latvia

ISBN (Print) 978-3-7235-1820-5
ISBN (E-Book) 978-3-7235-1821-2

Inhalt

Zur astronomischen Signatur des Jahres 2026/2027

Sonnenfinsternis im Jahr des Löwen

Die erste herausragende Konstellation geschieht am 9. Juni am Abendhimmel. Venus und Jupiter, die beiden hellsten Planeten, bilden am Horizont in den Zwillingen ein Doppelgestirn. Die Zwillinge sind das einzige Tierkreisbild mit zwei Hauptsternen. Castor und Pollux. Dem planetarischen Doppelgestirn steht so ein stellares Doppelgestirn zur Seite. Jupiter als Respräsentant der Erkenntnis und Venus als Planet der Güte und Schönheit kommen zusammen. So glänzt am Himmel auf, was in der Seele sich ereignet, wenn Erkenntnis und Liebe sich vereinen, wenn Herz und Haupt an einem Strang ziehen. Im Jahr 2026/2027 ereignet sich dieses Motiv in vielen Spielarten am Nachthimmel. Venus wandert nach der Begegnung mit Jupiter durch den Löwen und eröffnet die planetarischen Besuche in diesem ausdrucksvollen Bild. Am 9. Juli steht sie dicht bei Regulus, dem Herzstern des Löwen, dem Herzstern des gesamten Tierkreises! Nach dem Duo aus Liebe und Erkenntnis im Juni (Venus – Jupiter) folgt nun ein Zweiklang aus Liebe und Mut, aus Schönheit und Begeisterung, wenn Venus und Löwe beisammen sind. So wie Venus vor diesem Sternenumfeld gesteigert wird, so geschieht es auch mit Mars. Der rote Planet zieht wenig später im Juli durch den Stier. Am 11. steht er bei dessen Hauptstern Aldebaran und Anfang August zwischen den Hörnern des Stieres. So sind es zwei Bilder, zwei Rufe, die sich in den Konstellationen zeigen: die seelischen Tugenden von Erkennen, Lieben und Handeln zu steigern und in ein Gespräch miteinander zu bringen.

Lieben und Handeln kommen in ein Gespräch miteinander, wenn Venus durch den Löwen zieht.

Bevor sich diese planetarischen Rufe fortsetzen und zum dramatischen Schauspiel im Herbst steigern, ereignet sich – zumindest für eine Region der Erde – die totale Sonnenfinsternis. Am 12. August stellt sich der Neumond zwischen Erde und Sonne, sodass der Mondschatten einen Finsternispfad auf die Erde schreibt. Erstmals seit 1999 wird das europäische Festland überstrichen, denn quer über die iberische Halbinsel zieht sich der Finsternisstreifen und führt so für kurze Zeit das Leben von Erde und Sonne in einen Grenzbereich. Sonnenfinsternisse lassen sich 1000 Jahre vorausberechnen und doch treffen sie dann in eine bestimmte menschliche Wirklichkeit. Der Soziologe Andreas Reckwitz hat in seinem Buch ‹Verlust – ein Grundproblem der Moderne› unsere Gegenwart eindrucksvoll beschrieben: Jede Kultur, jede Epoche habe mit Verlusterfahrung zu tun, aber die Spätmoderne habe das Versprechen gegeben, ihre Zeitgenossen von Verlust zu befreien. In einer regelrechten Verlusteskalation zerfalle nun dieses Versprechen. Da ist es, wie zur Sonnenfinsternis, wenn für eine kurze Zeitspanne das Versprechen der Sonne, Leben, Licht und Wärme zu schenken, aufgehoben ist. Die himmlischen Konstellationen werden häufig als ‹Schauspiel› beschrieben. Zum Schauspiel gehört, dass eine Szene auf eine vorangehende aufbaut und eine nächste vorbereitet. Ist es am Himmel ebenso? Wenn ja, dann vermute ich folgende kosmische Dramaturgie. Die Finsternis rüttelt die eigene Konstitution auf, damit das herbstliche planetarische Fest im Löwen die so gelockerte Seele ereicht. Es beginnt am 26. Oktober, wenn Regulus, Jupiter und Mars in einer Reihe stehen. Am 16. November zieht dann Mars an Jupiter vorbei und bildet am 22. November ein harmonisches Dreieck mit den anderen beiden Gestirnen und steht vier Tage später in Konjunktion mit Regulus. Am 9. Dezember ergibt sich ein weiteres gleichschenkliges Dreieck und kurz darauf wird Jupiter rückläufig. Am 11. Januar folgt Mars mit seiner Rückläufigkeit. Beide Schleifen liegen bei Regulus im Löwen und führen zu einer Fülle besonderer Stellungen zueinander – immer gemeinsam mit Regulus. Monatlich stellt sich der Mond hinzu und bestätigt so das stille Feuerwerk der Gemeinschaft von Weisheit (Jupiter), Tatkraft (Mars) und Herzmut (Regulus) – mit Denken, Wille und Gefühl ein Klang des ganzen Menschseins.

Die Finsternis rüttelt auf, damit das herbstliche planetarische Fest im Löwen die so gelockerte Seele erreicht.

Jahrestage

Vor 50 Jahren

... stirbt am 1. Februar 1976 der Physiker Werner Heisenberg. Er formulierte die Unschärferelation und gilt damit als einer der Väter der modernen Quantenphysik.

... stirbt am 26. Mai der Philosoph Martin Heidegger. Heidegger gilt als einer der bedeutendsten Philosophen des 20. Jahrhunderts. Man sei «in die Welt geworfen», beschreibt er als eine Zumutung der Moderne.

Vor 100 Jahren

... wird am 17. März 1926 Siegfried Lenz geboren. Lenz gilt als einer der wichtigsten Erzähler der Nachkriegszeit in Deutschland.

... wird am 1. Juni Marilyn Monroe als Norma Jeane Mortenson geboren. Sie wird zur Kino-Ikone der Nachkriegszeit. Die britische Dichterin Dame Edith Sitwell von ihren Gesprächen mit Monroe über deren Lektüre von Rudolf Steiners Lebensgang.

... stirbt am 29. Dezember 1926 der österreichische Lyriker Rainer Maria Rilke. Seine Gedichte erreichen eine einzigartige Tiefe über das Menschsein.

... stirbt am 5. Dezember 1926 der Maler Claude Monet. Sein Bild ‹Impression, Sonnenaufgang› von 1872 gab einer ganzen Epoche den Namen.

... stirbt am 10. Juni 1926 Antoni Gaudi. Der spanische Architekt gehört zu den Pionieren der organischen Bauweise. Obwohl seine Bauten in Barcelona Rudolf Steiners Architektur ähneln, hat Gaudi wohl nicht das Goetheanum besucht.

... stirbt am 8. Juli 1926 Elisabeth Kübler-Ross. Die schweizerische US-Psychiaterin rückte mit ihrer Forschung zu Sterben und Sterbebegleitung den Tod in die Gesellschaft. Sie beschrieb fünf Phasen der Trauer: Leugnung, Ärger, Feilschen, Depression und Akzeptanz.

Vor 200 Jahren

... stirbt am 5. Juni Carl Maria von Weber. Er war bedeutender Komponist der Romantik.

... stirbt am 7. Juni der Astronom und Optiker Joseph von Fraunhofer. Er entwickelte das für Teleskope noch heute gebräuchliche schlierenfreie Flintglas sowie die Anordnung der Linsen mit einem Luftspalt. Nach Fraunhofer sind die Linien im Sonnenspektrum benannt. Er entdeckte sie 1814.

... stirbt am 4. Juli 1826 der Gründervater der USA Thomas Jefferson. Er bestimmte maßgeblich die Unabhängigkeitserklärung der USA und war der dritte Präsident der Vereinigten Staaten.

Vor 250 Jahren

... am 25. August 1776 stirbt der schottische Philosoph David Hume. Er war Vertreter einer rationalen auf Erfahrung beruhenden Philosophie.

Vor 400 Jahren

... stirbt am 9. April 1626 der englische Philosoph und Staatsmann Francis Bacon. Mit seinem Werk ‹Nova Atlantis› von 1614 entwarf er eine der ersten Utopien. Bacon beschreibt, wie die Naturwissenschaft und Technik eine neue Welt schaffen. In seinem Buch ‹Novum Organum› formuliert er den vielzitierten Ausspruch «Wissen ist Macht.»

Vor 800 Jahren

... starb am 3. Oktober 1226 Franz von Assisi. Sein Sonnengesang markiert den Wechsel von der Vorstellung der Sonne als Bild Gottes zur Vorstellung der Sonne als ‹Werk Gottes›.

Vor 1500 Jahren

... am 30. August 526 stirbt Theoderich der Große. Er herrschte über das Westgotenreich und war einer der bedeutendsten Vertreter der Völkerwanderung.

Himmel und Erde
im Jahresrhythmus

April 2026

DER OSTERVOLLMOND. Das Osterdatum ergibt sich bekanntlich aus dem ersten Sonntag nach dem ersten Frühlingsvollmond. Dieser Vollmond liegt naturgemäß in der Jungfrau. Je später er nach Frühlingsanfang erscheint, desto weiter links in der Jungfrau liegt der Vollmond. Dieses Jahr strahlt der Ostermond zwischen Jungfrau und Rabe.

Osten, 18. April, morgens

Vier Planeten versammeln sich unsichtbar am Frühlingspunkt und leiten den Sonnenaufgang ein.

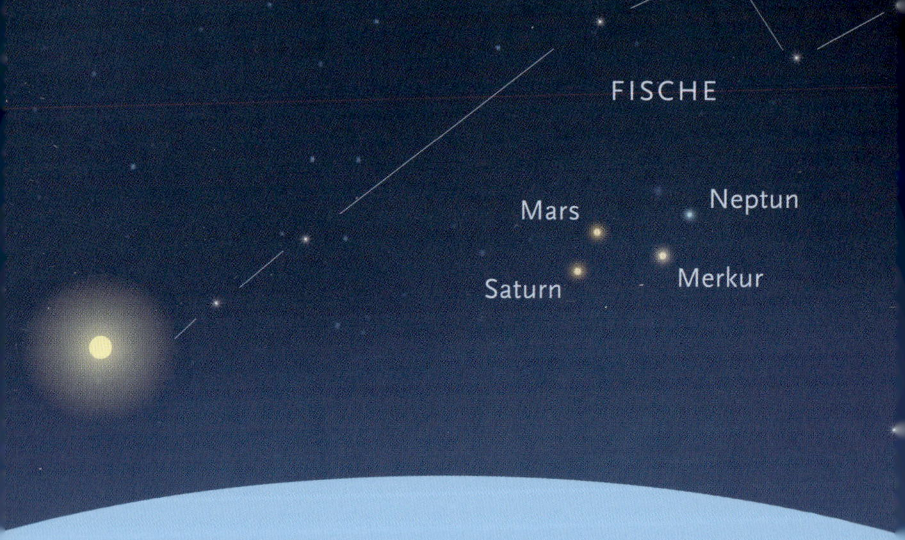

STILLES KONZIL Nicht weit vom Frühlingspunkt der Ekliptik begegnen sich im Sonnenglanz vier Planeten. Mit Merkur und Neptun kommen Nähe und Ferne zusammen, mit Mars und Saturn Äußeres und Inneres. So ist diese österliche Konstellation ein Brückenschlag zwischen Nähe und Ferne – räumlich und seelisch.

Westen, 19. April, 21 Uhr

Mondsichel, Plejaden und Venus bilden einen Dreiklang.

DIE PLEJADEN
sind ein offener Sternhaufen oberhalb des Stieres. Sechs oder sieben markante Sterne kann man einzeln erkennen, wobei sich mit dem Fernglas hunderte einzelne Sterne zeigen. In der Höhle von Lascaux werden sechs an die Felswand gemalte Punkte als die Pejaden gedeutet, wie auch die Gruppe von sieben eng liegenden Punkten auf der Himmelsscheibe von Nebra. Beide Darstellungen unterstreichen den hohen Rang, den das Sternbild in der Antike wohl hatte.

Wanderung von Mond und Planeten

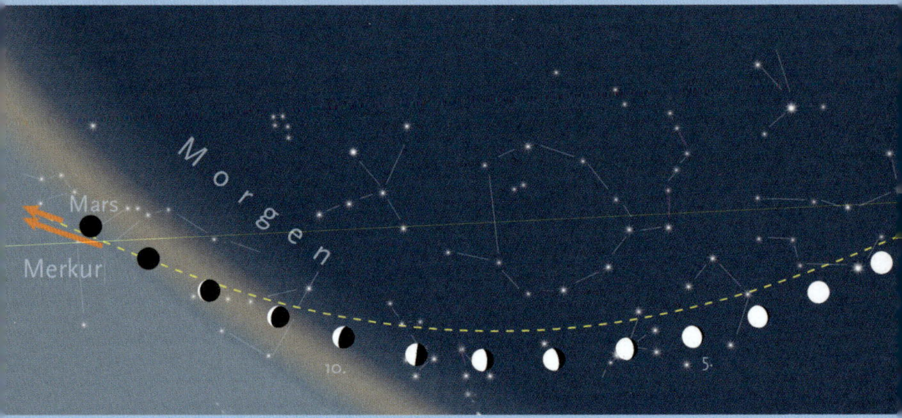

☉ *Sonne*

Die Sonne steigt dynamisch empor. Die Tageslänge wächst täglich um drei Minuten.

☾ *Mond*

Am 16. stellt sich die Mondsichel zur planetarischen Versammlung von Saturn, Neptun, Mars und Merkur. Somit sind fünf Wandler am Frühlingspunkt versammelt – welch ein Ruf für einen Anfang!

☿ *Merkur*

steht mit Mars, Saturn und Neptun am Frühlingspunkt und erreicht Mitte Mai seine Stellung vor der Sonne.

♀ *Venus*

stürmt weiter am Abendhimmel empor. Am Monatsende geht Venus erst 2,5 Stunden nach der Sonne unter. Wie die Sonne wird der Aufstieg von Venus etwas langsamer. Damit spiegelt Venus eindrucksvoll den Lauf der Sonne. Am 23. April begegnet Venus eng dem fernen Uranus. Beinahe am gleichen Tag, an dem Mars den fernen Neptun besucht. Es ist, als schlage das Planetensystem in der Osterzeit Brücken von nah und fern.

♂ *Mars*

zieht hinter der Sonne unsichtbar durch den Tierkreis. Dabei steht er am 13. April im Sonnenglanz verborgen bei Neptun und eine Woche später am 20. bei Saturn Welch verborgenes Konzil!

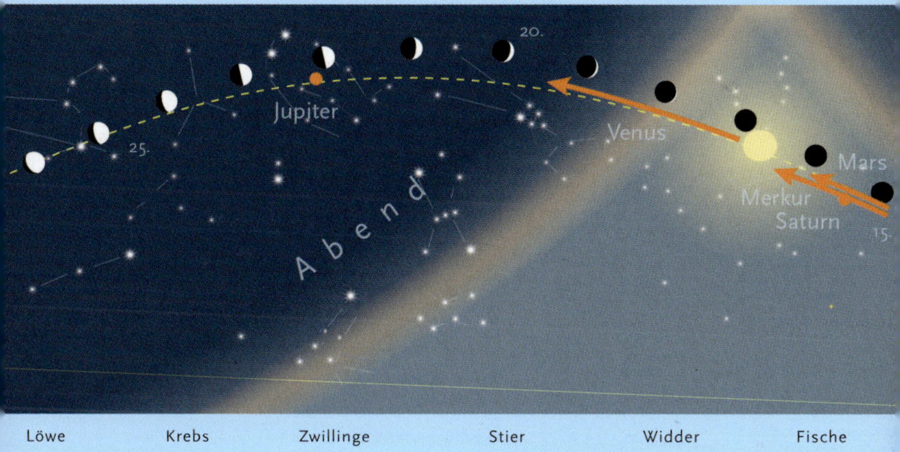

♃ *Jupiter*

gehört die Nacht bis etwa 3 Uhr. Hoch aus den Zwillingen überstrahlt der große Planet das Firmament. Am 22. April bildet er mit dem Mond wieder ein Rechteck mit den beiden Hauptsternen des Bildes. In diesen Tagen verlässt er nach seiner Schleife nun entgültig den inneren Bereich der Zwillinge. Jupiter in den Zwillingen, das klingt wie ein Ruf, in der Dualität der Dinge und Wege den inneren Kompass zu finden.

♄ *Saturn*

zieht unsichtbar durch die Fische. Dort, im Sternbild, das ja mit dem christlichen Mythos verbunden ist, versammeln sich in der Osterzeit Merkur, Mars, Saturn und Neptun. So stiften vier Planeten ihre Eigenschaft in die Osterzeit: Merkur die Beweglichkeit und Harmonie, Mars die Tatkraft, Saturn die innere Reife und Neptun das Unbekannte, Transzendente.

STILLES KONZIL

Dort, wo der Tierkreis beginnt, wo die Sonne den Frühling einläutet und das Leben auf der Erde sich feiert, dort stehen in der Osterzeit jetzt vier Planeten: Merkur, Mars, Saturn und Neptun. Nähe und Ferne, Beweglichkeit und Ruhe, diese Gegensätze verbinden sich und rufen dazu auf sie in der Seele zusammenzuführen – ein österliches Stirb und Werde.

April 2026

49. Woche nach Ostern 2025

	SONNE				MOND			
Datum	Bild	Zeichen	Aufg.	Unterg.	Bild	Aufg.	Unterg.	Position
1. Mi.	Fische	Widder	7.09	20.00	● Jungfrau	19.39	6.42	
2. Do.	Fische	Widder	7.07	20.01	● Jungfrau	20.50	6.57	○ 4.12
3. Fr.	Fische	Widder	7.05	20.02	● Jungfrau	22.00	7.13	
4. Sa.	Fische	Widder	7.03	20.04	● Jungfrau 9h ● Waage	23.11	7.32	
5. So.	Fische	Widder	7.01	20.05	● Waage 21h ● Skorpion	—	7.55	
6. Mo.	Fische	Widder	6.59	20.07	● Skorpion	0.21	8.24	
7. Di.	Fische	Widder	6.57	20.08	● Skorpion	1.25	9.02	Ag 10.26
8. Mi.	Fische	Widder	6.55	20.10	● Skorpion 11h ● Schütze	2.24	9.49	◡ 6.50
9. Do.	Fische	Widder	6.53	20.11	● Schütze	3.12	10.47	
10. Fr.	Fische	Widder	6.51	20.12	● Schütze 23h ● Steinbock	3.50	11.53	☾ 6.54
11. Sa.	Fische	Widder	6.50	20.14	● Steinbock	4.21	13.04	
12. So.	Fische	Widder	6.48	20.15	● Steinbock	4.44	14.17	
13. Mo.	Fische	Widder	6.46	20.17	● Steinbock 5h ● Wasserm.	5.04	15.31	
14. Di.	Fische	Widder	6.44	20.18	● Wassermann	5.21	16.47	☊ 1.43
15. Mi.	Fische	Widder	6.42	20.20	● Wassermann 2h ● Fische	5.38	18.05	
16. Do.	Fische	Widder	6.40	20.21	● Fische	5.55	19.26	
17. Fr.	Fische	Widder	6.38	20.22	● Fische 18h ● Widder	6.14	20.51	● 13.53
18. Sa.	Fische	Widder	6.36	20.24	● Widder	6.37	22.19	
19. So.		Widder	6.35	20.25	● Widder 8h ● Stier	7.07	23.45	Pg 8.48
20. Mo.		Widder	6.33	20.27	● Stier	7.47	—	
21. Di.	Widder		6.31	20.28	● Stier 19h ● Zwillinge	8.42	1.05	⌒ 12.59
22. Mi.	Widder	Stier	6.29	20.29	● Zwillinge	9.51	2.09	
23. Do.	Widder	Stier	6.27	20.31	● Zwillinge 18h ● Krebs	11.10	2.57	
24. Fr.	Widder	Stier	6.26	20.32	● Krebs	12.31	3.32	☽ 4.32
25. Sa.	Widder	Stier	6.24	20.34	● Krebs 7h ● Löwe	13.50	3.57	
26. So.	Widder	Stier	6.22	20.35	● Löwe	15.05	4.17	☋ 16.36
27. Mo.	Widder	Stier	6.20	20.36	● Löwe 23h ● Jungfrau	16.18	4.34	
28. Di.	Widder	Stier	6.19	20.38	● Jungfrau	17.28	4.49	
29. Mi.	Widder	Stier	6.17	20.39	● Jungfrau	18.38	5.04	
30. Do.	Widder	Stier	6.15	20.41	● Jungfrau	19.47	5.19	

KONSTELLATION

sichtbar	unsichtbar	Bemerkungen / Feste
	☽☍♆^{9} ☽☍♄^{15}	
		Ostervollmond
	☿△♃^{13} ☾☍♀^{24}	Karfreitag
	♀□♇^{1}	
	☾☍⛢^{23} ☉□♃^{24}	Ostersonntag
		Ostermontag
	☾☍♃^{23}	
	☾☌♇^{12}	
	♂☌♆^{8}	
	☾☌☿^{17} ☾☍♆^{21} ☾☌♂^{24}	
	☾☌♄^{5}	
	☿☌♆^{4}	
☽☌♀^{9} 5°	☽☌⛢^{18}	Mond, Plejaden und Venus stehen am Abendhimmel zusammen.
	♂☌♄^{1} ☿☌♄^{13} ☿☌♂^{24}	
☽☌♃^{1} 3°		Der Halbmond zieht oberhalb an Jupiter vorbei.
	♀☌⛢^{4} ☽☍♇^{7}	
	☉□♇^{18}	
	☿□♃^{21}	
		Jupiter verlässt zum Monatsende den inneren Bereich der Zwillinge.
	☽☍♆^{17} ♀△♇^{19}	
	☽☍♄^{4} ☽☍♂^{16}	
	☽☍☿^{11}	

Sichtbarkeit der Planeten

abends:
Venus, Jupiter

Merkur
1.–8. ● Wassermann
9.–30. ● Fische

Venus
1.–18. ● Widder
19.–31. ● Stier

Mars
● Fische

Jupiter
● Zwillinge

Saturn
● Fische

Uranus
● Stier

Neptun
● Fische

● **Feuerzeichen/Frucht:**
Widder, Löwe, Schütze

● **Erdzeichen/Wurzel:**
Stier, Jungfrau, Steinb.

● **Luftzeichen/Blüte:**
Zwill., Waage, Wasserm.

● **Wasserzeichen/Blatt:**
Krebs, Skorpion, Fische

Mai 2026

DIE LIEBE ERGREIFT DAS DENKEN. Am Abendhimmel leuchten Venus und Jupiter über dem westlichen Horizont. Anfang Mai sind es noch 40°, die beide hellen Wandler voneinander trennen, doch jeden Tag wandert Venus um ein Grad auf Jupiter zu. Es lohnt sich immer wieder den Blick auf diese Annäherung zu lenken. Dabei mag die Frage leiten, wie solch eine Annäherung denn in der Seele sich abspielt. Wie ergreift die Liebe das Denken? Die Antwort am Himmel lautet: indem Venus auf Jupiter zugeht, die Liebe das Denken ergeift.

Westen, abends

Der Mond wandert von Venus zu Jupiter in den Zwillingen.

VON WO WIR KOMMEN

Wie bei jeder Begegnung zählt, von wo man kommt, mit welchen Erfahrungen man ausgestattet und beladen ist. Jupiter löst sich gerade aus dem geschlossenen Feld der Zwillinge. Kein anderer Sternenbereich besitzt eine solch klare Struktur und Form wie die Zwillinge. Jetzt ist Jupiter ‹im Freien›. Venus wanderte in den letzten Wochen durch den Stier. Das konnte man in der Osterzeit gut beobachten. So kann sie nun mit allem Willen des Stiers sich Jupiter zuwenden.

Westen, abends

Venus stürmt bis Anfang Juni am westlichen Abendhimmel empor, dann folgt ein Abstieg bis zum Herbst.

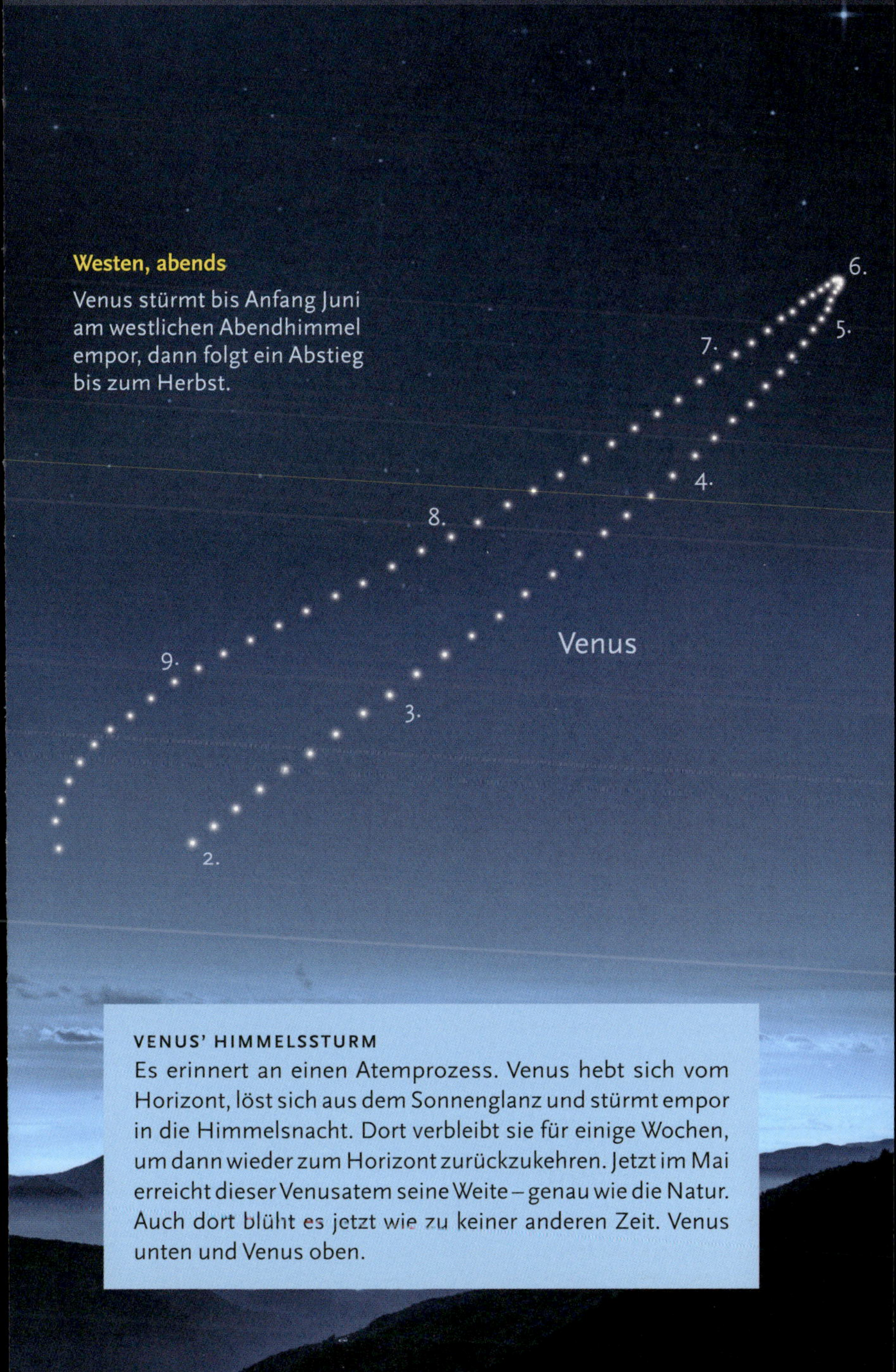

VENUS' HIMMELSSTURM

Es erinnert an einen Atemprozess. Venus hebt sich vom Horizont, löst sich aus dem Sonnenglanz und stürmt empor in die Himmelsnacht. Dort verbleibt sie für einige Wochen, um dann wieder zum Horizont zurückzukehren. Jetzt im Mai erreicht dieser Venusatem seine Weite – genau wie die Natur. Auch dort blüht es jetzt wie zu keiner anderen Zeit. Venus unten und Venus oben.

Wanderung von Mond und Planeten

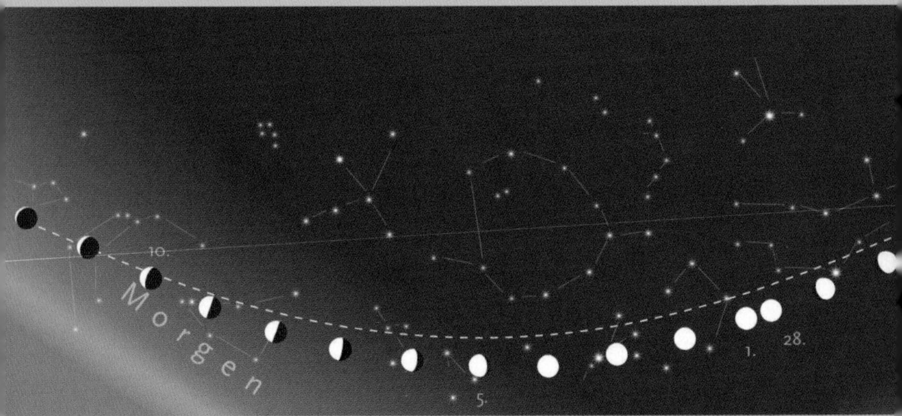

☉ *Sonne*

Am 22. steht die Sonne bei den Plejaden, am 31. bei Aldebaran im Stier. Der Aufstieg der Sonne wird langsamer.

☾ *Mond*

Am 19. und 20. Mai zieht die Mondsichel an Venus und Jupiter vorbei. Die beiden Wandler sind Mitte des Monats nur noch 20° voneinander entfernt, sodass der Mond knapp zwei Tage braucht, um von Venus zu Jupiter zu gelangen. Bei der Konjunktion mit Jupiter sind dann außerdem die Hauptsterne der Zwillinge dabei.

☿ *Merkur*

steht am 14. Mai hinter der Sonne und befreit sich dann ab dem 27. aus ihrem Glanz. Man wird ihn wohl erst im Juni dann wieder am westlichen Abendhimmel finden können.

♀ *Venus*

steigt bis Ende Mai weiter empor und geht erst 2,5 Stunden nach der Sonne unter. Eindrucksvoll ist, wie der helle Planet täglich um ein Grad auf Jupiter zuwandert. So schwindet im Lauf des Monats der Abstand von 40° auf 9°.

SCHWACHE LIBRIDEN UND OPHIUCHIDEN

Der Meteorstrom der Mai-Libriden hat vom 6. auf den 7. Mai ein schwaches Aktivitätsmaximum. Außerdem sind im Mai aus dem Sternbild des Schlangenträgers kommend die Mai-Ophiuchiden zu beobachten.

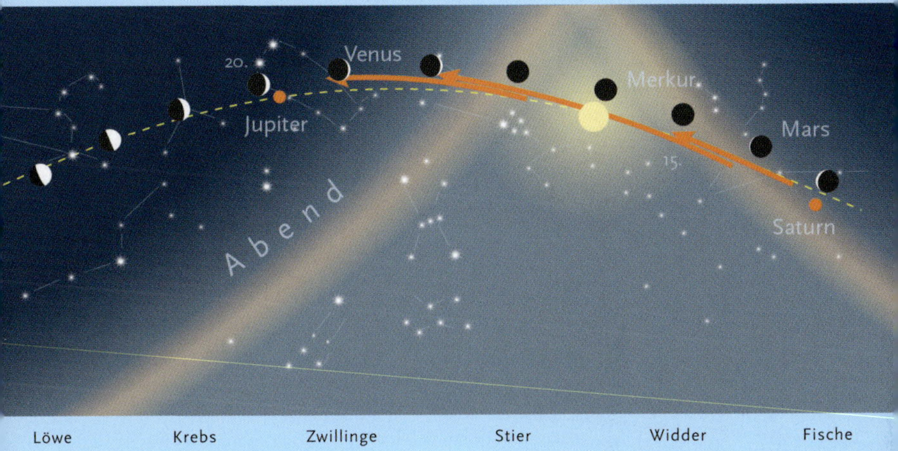

♂ *Mars*

gelingt es im Mai noch nicht, sich aus dem Sonnenglanz zu befreien. Erst zum Sommeranfang findet man den roten Planeten wieder am Morgenhimmel.

♃ *Jupiter*

wandert am Monatsanfang aus dem inneren Bereich der Zwillinge heraus und ist abends bis 23 Uhr im Südwesten zu finden. Die Nähe von Venus zeigt das unterschiedliche Licht der beiden hellsten Wandler. Während Venus überschwänglich strahlt, besitzt Jupiter einen ruhigen Glanz.

♄ *Saturn*

geht zur Monatsmitte gegen 3 Uhr im Osten auf. Der ferne Planet steht nicht weit vom Frühlingspunkt entfernt in den Fischen. Die zarte Lichtgestalt der Fische spiegelt sich dabei in dem verhaltenen Glimmen des fernen Planeten. Neptun, der nur im Teleskop zu sehen ist, hat Saturn mittlerweile hinter sich gelassen. Am 13. Mai stellt sich der Halbmond zu Saturn.

AQUARIDEN
Die Sternschnuppen stammen aus dem Staub des Halleyschen Kometen und sind den ganzen Mai über zu sehen. Das Maximum ist vom 6. auf den 7. Mai. Dann leuchten etwa zehn Sternschnuppen pro Stunde am Himmel.

Mai 2026

4. – 9. Woche nach Ostern 2026

	SONNE				MOND			
Datum	Bild	Zeichen	Aufg.	Unterg.	Bild	Aufg.	Unterg.	Position
1. Fr.			6.14	20.42	● Jungfrau 17h ● Waage	19.58	4.37	○ 19.23
2. Sa.			6.12	20.43	● Waage	21.07	4.59	
3. So.			6.10	20.45	● Waage 4h ● Skorpion	22.14	5.26	
4. Mo.			6.09	20.46	● Skorpion	23.15	6.00	
5. Di.			6.07	20.47	● Skorpion 19h ● Schütze	—	6.44	Ag 0.20 ⌣ 13.22
6. Mi.			6.06	20.49	● Schütze	0.06	7.39	
7. Do.			6.04	20.50	● Schütze	0.48	8.41	
8. Fr.			6.03	20.51	● Schütze 7h ● Steinbock	1.21	9.49	
9. Sa.			6.01	20.53	● Steinbock	1.46	11.00	☾ 23.12
10. So.	Widder		6.00	20.54	● Steinbock 14h ● Wasserm.	2.07	12.12	
11. Mo.			5.58	20.55	● Wassermann	2.24	13.25	☊ 6.36
12. Di.			5.57	20.57	● Wassermann 12h ● Fische	2.41	14.39	
13. Mi.			5.56	20.58	● Fische	2.57	15.57	
14. Do.			5.54	20.59	● Fische	3.15	17.19	
15. Fr.			5.53	21.00	● Fische 4h ● Widder	3.36	18.45	
16. Sa.			5.52	21.02	● Widder 19h ● Stier	4.02	20.14	● 22.02
17. So.			5.51	21.03	● Stier	4.38	21.40	Pg15.37
18. Mo.			5.49	21.04	● Stier	5.28	22.53	⌢ 21.25
19. Di.			5.48	21.05	● Stier 4h ● Zwillinge	6.33	23.50	
20. Mi.		Stier	5.47	21.06	● Zwillinge	7.51	—	
21. Do.			5.46	21.08	● Zwillinge 1h ● Krebs	9.15	0.31	
22. Fr.			5.45	21.09	● Krebs 13h ● Löwe	10.37	1.00	
23. Sa.			5.44	21.10	● Löwe	11.55	1.23	☽ 13.11 ☋ 17.27
24. So.			5.43	21.11	● Löwe	13.09	1.40	
25. Mo.			5.42	21.12	● Löwe 5h ● Jungfrau	14.20	1.56	
26. Di.			5.41	21.13	● Jungfrau	15.29	2.11	
27. Mi.			5.40	21.14	● Jungfrau	16.38	2.26	
28. Do.			5.40	21.15	● Jungfrau 23h ● Waage	17.48	2.43	
29. Fr.			5.39	21.16	● Waage	18.57	3.04	
30. Sa.	Stier	Zwillinge	5.38	21.17	● Waage 11h ● Skorpion	20.04	3.29	
31. So.			5.37	21.18	● Skorpion	21.07	4.01	○ 10.45

Alle Zeitangaben = Sommerzeit

KONSTELLATION

sichtbar	unsichtbar	Bemerkungen / Feste
	☾☍♅^{9}	Venus zieht oberhalb von Aldebaran vorbei.
	☾☍♀^{9}	
	♂□♃^{4} ☿□♇^{24}	
	☾☍♃^{13}	
	☾☌♇^{20}	
		Venus zwischen den Hörnern des Stiers.
	☾☌♆^{8} ☾☌♄^{20}	
	☉☌☿^{17} ☾☌♂^{24}	Merkur steht in oberer Konjunktion hinter der Sonne.
	☽☌☿^{3} ☽☌♅^{6}	
	☿☌♅^{2}	
☽☌♀^{4} 3°		Die Mondsichel steht zwischen Venus und Jupiter.
☽☌♃^{15} 3°	☿△♇^{1}	Der Halbmond erreicht Jupiter.
	☽☍♇^{14}	Jupiter wandert unterhalb von Kastor, Hauptstern der Zwillinge.
	♀□♆^{9} ☉☌♅^{16}	Uranus in Konjunktion mit der Sonne.
	☽☍♆^{24}	
	♂□♇^{6} ☽☍♄^{15} ☉△♇^{18}	
		Venus erreicht den inneren Bereich der Zwillinge.
	☽☍♂^{17}	
	♀□♄^{5}	
	☽☍♅^{19}	

Sichtbarkeit der Planeten

abends:
Merkur ab 27.
Venus,
Jupiter

morgens:
Saturn ab 19.

Merkur
1.–2. ● Fische
2.–14. ● Widder
15.–31. ● Stier

Venus
1.–19. ● Stier
20.–30. ● Zwillinge

Mars
1.–18. ● Fische
19.–31. ● Widder

Jupiter
● Zwillinge

Saturn
● Fische

Uranus
● Stier

Neptun
● Fische

● **Feuerzeichen/Frucht:** Widder, Löwe, Schütze

● **Erdzeichen/Wurzel:** Stier, Jungfrau, Steinb.

● **Luftzeichen/Blüte:** Zwill., Waage, Wasserm

● **Wasserzeichen/Blatt:** Krebs, Skorpion, Fische

Juni 2026

ROTATION UND UMLAUF. Zwei Bewegungen haben die Planeten inne. EInmal wandern sie um die Sonne und dann drehen sich sich um sich selbst. Wie schnell ein Planet um die Sonne kreist, hängt dabei von seiner Distanz zur Sonne ab. Johannes Kepler hat dazu die Gesetzmäßigkeit entdeckt. Die Entfernung von der Sonne in der dritten Potenz entspricht der Umlaufszeit im Quadrat. Ein Beispiel: Saturn ist im Vergleich zur Erde ungefähr 10-mal so weit von der Sonne entfernt. 10^3=1000. Die Wurzel von 1000 ist dann ungefähr 30 und 30 Jahre braucht Saturn für einen Umlauf. Aus diesen Proportionen ergibt sich, dass Jupiter 20-mal langsamer durch den Tierkreis läuft als Venus.

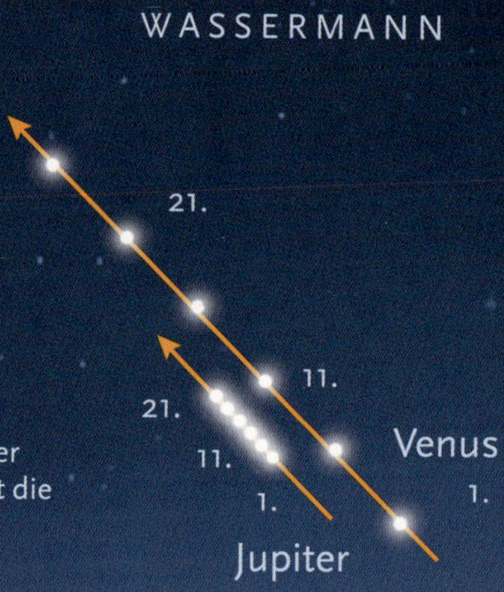

Westen, 22.30 Uhr

Venus zieht an Jupiter vorbei. Am 9. Juni ist die Konjunktion.

ANDERS DIE ROTATION. Mit der Rotation verhält es sich anders. Hier gibt es kein Gesetz, in das sich die Planeten einfügen. Die Rotation ist ‹Privatsache› jedes Wandlers und lässt sich nur ermitteln, indem man den Planeten mit einem Teleskop oder mit einer Sonde beobachtet. Interessant ist dabei, dass sich die Verhältnisse umkehren. Während die fernen Planeten langsam durch den Tierkreis ziehen, rotieren sie schnell um die eigene Achse. So dreht sich Jupiter in nur 9 Stunden, während Venus dafür 243 Tage braucht!

Westen, 19.00 Uhr

Die Mondsichel wandert am 16. und 17. Juni an den drei Planeten Merkur, Jupiter und Venus vorbei.

Westen, 19.00 Uhr

Merkur hebt sich in den ersten drei Juniwochen über den westlichen Horizont.

Wanderung von Mond und Planeten

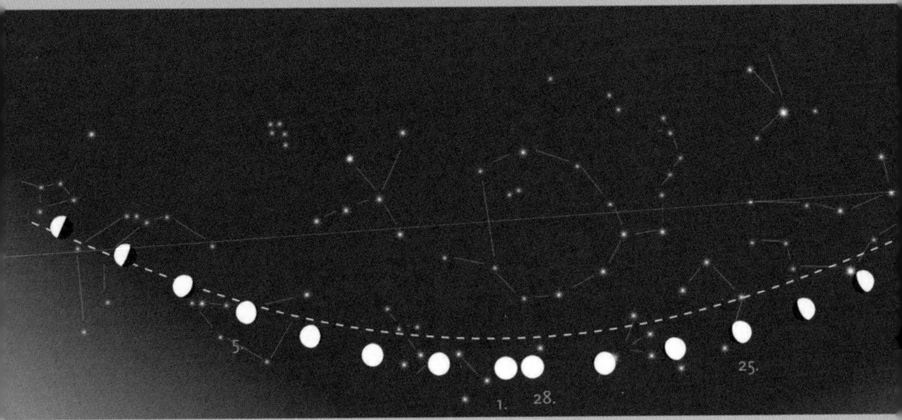

⊙ *Sonne*

Am 21. Juni um 11.25 Uhr ist Sommersonnenwende und Sommerbeginn. Die Sonne erreicht in diesem Moment ihren höchsten Tagesbogen.

☾ *Mond*

Der Halbmond begegnet am 10. Juni Saturn und drei Tage später (unsichtbar) Mars. Am 16. und 17. besucht er die Planetenreihe am westlichen Abendhimmel Merkur–Jupiter–Venus. Das ist ein eindrucksvolles Schauspiel über der Landschaft! Vor allem die Konjunktion mit Venus ist mit 0,3° sehr eng.

☿ *Merkur*

ist ab Monatsanfang im Westen zu sehen. Seinen höchsten Stand erreicht er am 10. Juni. Dann steht er bei Sonnenuntergang 18° über dem Horizont. 30 Minuten nach Sonnenuntergang sollte es dann gut gelingen, in westnordwestlicher Richtung den selten sichtbaren Gast des Firmaments zu entdecken.

JUNI-LYRIDEN
Es sind nur fünf Sternschnuppen pro Stunde, die der Lyridenstrom vom 11. bis 21. Juni bietet. Dennoch ist vielleicht am 16., dem Tag des Maximums, mit höheren Fallraten zu rechnen. Dieses Jahr hilft der Neumond.

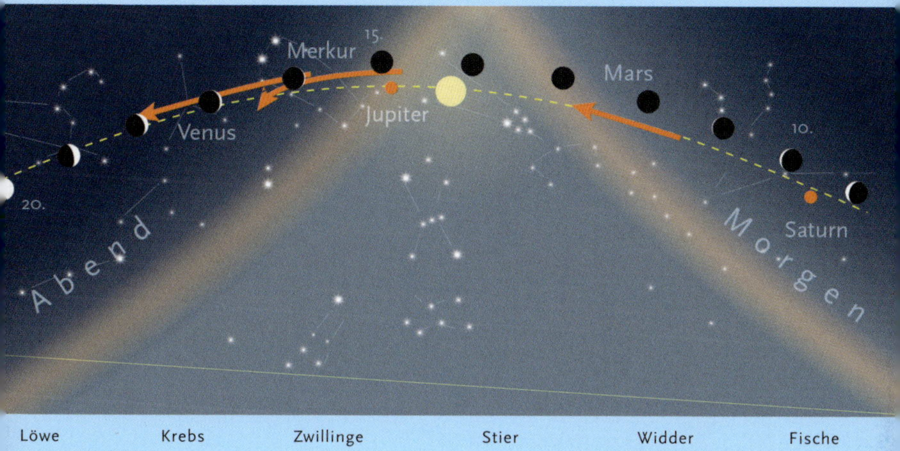

♀ *Venus*

hat im Juni ihren höchsten Stand erreicht und ist deshalb abends auch noch nach Ende der Dämmerung zu sehen. Am 9. Juni steht sie dicht bei Jupiter. Die Begegnung dieser beiden hellsten Wandler gehört zum eindrucksvollsten, was der Nachthimmel zu bieten hat. Dann wandert Venus zur Monatsmitte durch Praesepe, den Sternhaufen im Krebs, ein vergleichsweise verhaltenerer innerlicher Moment.

♂ *Mars*

seit August 2024 ist Mars unsichtbar, jetzt zeigt er sich ab dem 21. Juni am Morgenhimmel und zieht dabei durch den Stier.

♃ *Jupiter*

ist noch den ganzen Monat in der Abenddämmerung am nordwestlichen Horizont zu finden. Dort bildet er mit Venus und Merkur eine Planetenreihe. Die engste Stellung ist am 13. Juni, vier Tage nachdem Venus an Jupiter vorbeigezogen ist.

♄ *Saturn*

steigt gegen Mitternacht über den östlichen Horizont. Mittlerweile hat Saturn das Zentrum der Fische erreicht. In der lichtarmen Region bildet Saturn einen geheimnisvollen Haltepunkt. Am 10. Juni wandert oberhalb von Saturn der Halbmond entlang.

Juni 2026

9. – 13. Woche nach Ostern 2026

	SONNE				MOND			
Datum	Bild	Zeichen	Aufg.	Unterg.	Bild	Aufg.	Unterg.	Position
1. Mo.			5.37	21.19	Skorpion	22.02	5.41	Ag 6.17 ◡ 18.48
2. Di.			5.36	21.20	Skorpion 1h Schütze	23.46	6.33	
3. Mi.			5.36	21.21	Schütze	—	7.33	
4. Do.			5.35	21.22	Schütze 14h Steinbock	0.22	8.40	
5. Fr.			5.34	21.23	Steinbock	0.49	9.49	
6. Sa.			5.34	21.23	Steinbock 21h Wasserm.	1.11	10.59	
7. So.			5.34	21.24	Wassermann	1.29	12.10	☊ 8.20
8. Mo.			5.33	21.25	Wassermann 20h Fische	1.45	13.22	☾ 12.02
9. Di.			5.33	21.26	Fische	2.01	14.36	
10. Mi.			5.33	21.26	Fische	2.18	15.53	
11. Do.			5.32	21.27	Fische 14h Widder	2.37	17.14	
12. Fr.			5.32	21.27	Widder	2.59	18.41	
13. Sa.	Stier		5.32	21.28	Widder 5h Stier	3.29	20.08	
14. So.			5.32	21.28	Stier	4.12	21.29	
15. Mo.			5.32	21.29	Stier 14h Zwillinge	5.09	22.35	Pg 1.13 ● 4.55
16. Di.			5.32	21.29	Zwillinge	6.24	23.24	
17. Mi.			5.32	21.30	Zwillinge 11h Krebs	7.48	23.59	
18. Do.		Zwillinge	5.32	21.30	Krebs 22h Löwe	9.14	—	
19. Fr.			5.32	21.30	Löwe	10.37	0.25	☋ 19.58
20. Sa.			5.32	21.31	Löwe	11.55	0.45	
21. So.			5.32	21.31	Löwe 12h Jungfrau	13.08	1.01	☽ 23.54
22. Mo.			5.33	21.31	Jungfrau	14.20	1.17	
23. Di.			5.33	21.31	Jungfrau	15.29	1.32	
24. Mi.			5.33	21.31	Jungfrau	16.39	1.49	
25. Do.			5.34	21.31	Jungfrau 4h Waage	17.48	2.08	
26. Fr.			5.34	21.31	Waage 17h Skorpion	18.56	2.32	
27. Sa.			5.34	21.31	Skorpion	20.00	3.01	
28. So.			5.35	21.31	Skorpion	20.58	3.39	Ag 8.57 ◡ 23.58
29. Mo.	Zwillinge	Krebs	5.35	21.31	Skorpion 7h Schütze	21.45	4.28	
30. Di.			5.36	21.31	Schütze	22.24	5.25	○ 1.57

Alle Zeitangaben = Sommerzeit

KONSTELLATION

sichtbar	unsichtbar	Bemerkungen / Feste
	☾☍☿^{6}	
	☾☍♀^{17}	
	☿□♆^{2} ☾☍♃^{5}	
	☾☌♇^{2}	
		Venus bei Pollux.
♀☌♃^{22} 2°	☾☌♆^{18}	Großartige Begegnung von Venus und Jupiter.
☾☌♄^{10} 6°	☿□♄^{8}	Mond zieht oberhalb von Saturn. Höchster Stand von Merkur.
		Halbmond bildet mit Saturn und Mars ein weites Dreieck.
	☾☌♂^{21}	Der Mond erreicht Mars.
	☾☌♅^{20}	
☽☌☿^{22} 2°		Nur unter besten Bedingungen ist die Konjunktion zu sehen.
☽☌♃^{10} 2° ☽☌♀^{22} 0.3°	♀△♆^{6} ☽☍♇^{22} ♀☍♇^{23}	Mond, Jupiter und Venus stehen eng zusammen.
		Sommeranfang um 11.25 Uhr
	☽☍♆^{7}	
	☽☍♄^{1}	
	♀△♄^{14}	
	☽☍♂^{18} ☉□♆^{1}	
	☽☍♅^{4}	

Sichtbarkeit der Planeten

abends:
Merkur bis 20.
Venus, Jupiter

morgens:
Mars ab 21. , Saturn

Merkur
1. ● Stier
2.–30. ● Zwillinge
rückläufig ab 29.

Venus
1.–11. ● Zwillinge
12.–29. ● Krebs
30.–30. ● Löwe

Mars
1.–20. ● Widder
21. –30. ● Stier

Jupiter
1.–20. ● Zwillinge
21.–30. ● Krebs

Saturn
● Fische

Uranus
● Stier

Neptun
● Fische

● **Feuerzeichen/Frucht:** Widder, Löwe, Schütze

● **Erdzeichen/Wurzel:** Stier, Jungfrau, Steinb.

● **Luftzeichen/Blüte:** Zwill., Waage, Wasserm.

● **Wasserzeichen/Blatt:** Krebs, Skorpion, Fische

Der Sternenhimmel
im Juni – ca. 22^h30^m

Die Abbildung gilt auch für

Mitte Mai	1^h
Mitte April	3^h
Mitte März	4^h

Angaben von April bis Oktober in Sommerzeit

STERNENWEGE. Der Blick zum Sternenhimmel hat etwas Uferloses: so weit ist der Himmel, in einer solchen Fülle erscheinen die Bilder. Wie findet man hier einen Zugang? Indem man Sternenwege geht! Den Anfang sollte ein bekannter Punkt machen: der Große Wagen! Über die Deichsel lässt man den Blick weiter wandern und gelangt so zu Bootes, dem Bärenhüter. Das keilförmige Sternbild mündet horizontwärts in den hellen Stern ‹Arktur›. Die Reise geht weiter und führt zur ‹Krone›, genauer der nördlichen Krone. Sieben Sterne bilden einen schalenförmigen Halbkreis. Hier lohnt es sich zu verweilen und zu fragen: Vermag diese wundervolle Sternenschale, die den ganzen Sternenhimmel in sich aufzunehmen scheint, auch zu halten? Der Mythos erzählt, dass Gemma, der einzige helle Stern des kleinen Bildes, einen Edelstein darstelle, der zur Erde fiel und aus dem der Gral geformt wurde.
Was nun in der nebenstehenden Abbildung als eine Kreiswanderung erscheint, das ist am Nachthimmel eine Gerade: nach der Krone folgt dann Herkules. Man erkennt das ausdrucksstarke Bild an dem trapezförmigen Rumpf. Von ihm gehen Sternbewegungen in alle Richtungen. Die Krone trägt man auf dem Kopf, sie überhöht das Haupt und repräsentiert deshalb das Denken. Anders Herkules: Er hat seine zehn Taten vollbracht und ist damit Repräsentant des Willens. Fehlt das Gefühl: Das findet man, wenn man von Herkules aus horizontwärts geht: die zarte runde Gestalt des Schlangenträgers, ein Bild des Gefühls.

Juli 2026

ZUHAUSE. ‹Wieder dahoam› ist ein bekanntes Lied des bayrischen Liedermachers Constantin Wecker. Er besingt darin das Gefühl der Beheimatung. Beim Anblick von Mars, wie er in großen Schritten zwischen den beiden dynamischen Lichtachsen wandert, mag man solch ein Lied im Sinn haben. Ja, diese Sternenregion ist in ihrer Lichtsprache dem Feuer, der Kraft von Mars verwandt. Es ist eine Konstellation, die die kommende Sonnenfinsternis anklingen lässt.

3 Uhr, Osten

Mars zieht durch den Stier und erreicht zum Monatsende die Randsterne.

PUNKT UND GERADE. Das sind die beiden Entitäten der Geometrie in der Ebene. Sie gehen auseinander hervor. Der Punkt ist der Treffpunkt zweier Wege und der Weg die Fülle einzelner Punkte. Wenn zwei Planeten sich treffen, so ist dies dem Punkt verwandt, während die Wanderung eines Planeten durch ein bestimmtes Sterngebiet der Gerade verwandt ist. Jetzt im Juli geht es um zwei Geraden, zwei Wege, von Mars und von Venus, durch den Stier und den Löwen. Versuchen wir doch Anteil zu nehmen an diesen Wegen!

Westen, 21.30 Uhr

Die Mondsichel zieht am 16. und 17. Juli an Regulus und Venus vorbei.

DER LÖWE EINE LÖWIN? Venus wandert im Juli durch den Löwen. Dabei passiert sie am 9. dessen Hauptstern Regulus. Was für ein Bild! Regulus ist der Herzstern des Tierkreises, Bild des Mutes. Tatsächlich ist für die Liebe Mut die Tugend. Beide Regungen lassen sich kaum erinnern, kaum vorstellen, weil sie so kraftvolle Gefühle sind. Ähnlich wie die Wanderung von Mars durch den Stier gilt auch hier, dass Venus im Löwen ‹zuhause› ist. So feiern die beiden planetarischen Nachbarn der Erde ihre Kraft, bevor im August mit der totalen Sonnenfinsternis der Himmel für einen Moment versiegt. Ich lese die Konstellationen von Mars und Venus als Wegzehrung für diese Grenzerfahrung der Sonnenfinsternis.

Wanderung von Mond und Planeten

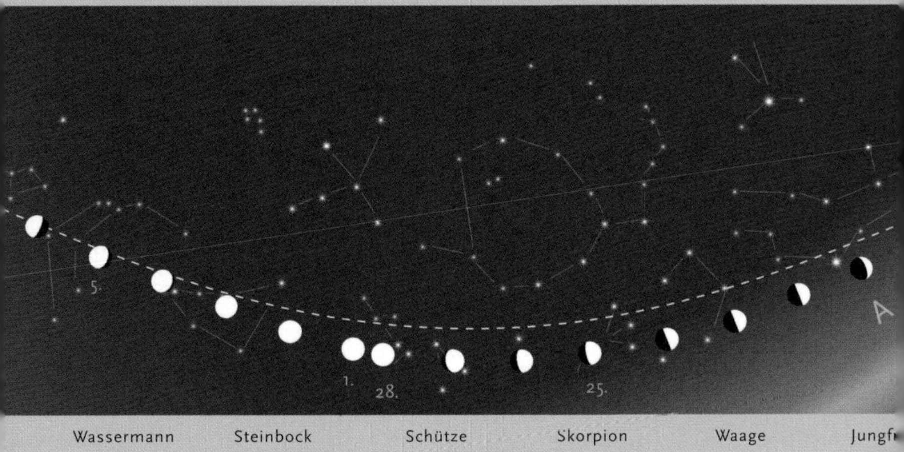

☉ *Sonne*

Am 6. Juli um 19.30 Uhr steht die Erde im Aphel, in größter Distanz zur Sonne mit 152 087 775 km. Das sind nur 36 Kilometer mehr als letztes Jahr, sodass dieses Jahr die Erde ziemlich exakt auf einer nahezu geschlossenen Bahn läuft.

☾ *Mond*

Drei Planeten besucht der Mond in diesem Monat: zuerst ist es Saturn. Der Halbmond läuft am 7. Juli oberhalb des fernen Planeten durch die Fische und auch vier Tage später zieht der Mond oberhalb von Mars seine Bahn. Enger wird dann die Begegnung mit Venus im Löwen am 17. Juli.

☿ *Merkur*

Merkur ist im Sommermonat Juli unsichtbar. Am 13. steht er zwischen Erde und Sonne.

♀ *Venus*

ist am Abendhimmel über der westlichen Landschaft zu finden. Dort wandert sie durch das Tierkreisbild Löwe und erreicht am 9. Juli den Herzstern ‹Regulus›. Im Juli verliert Venus etwas an Höhe, aber ihr Stand ist ausreichend, dass sie noch in der vollkommenen Nacht über dem Horizont steht. Dann sieht man, wie sich der Ausdruck von Mut durch den Löwen mit dem Bild der Schönheit und Liebe von Venus verbindet.

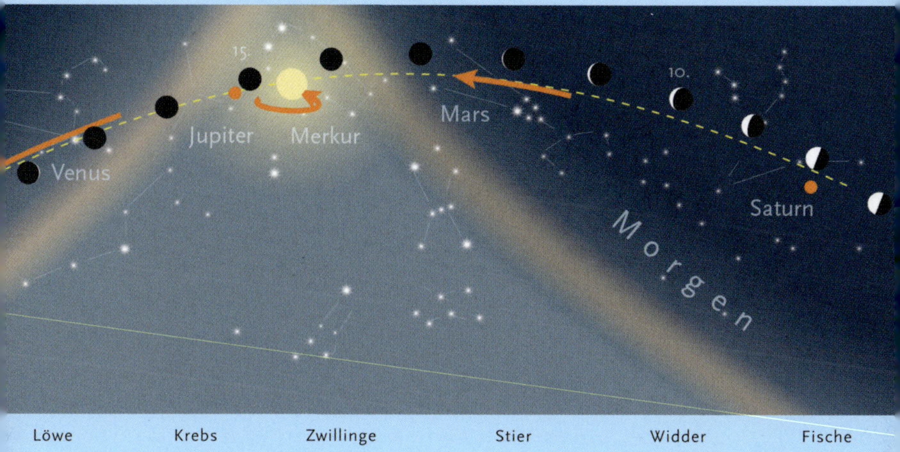

♂ *Mars*

geht im Juli um 1 Uhr im Osten im Tierkreisbild Stier auf. Die kraftvolle Formensprache des Bildes unterstreicht den Willenscharakter des roten Planeten. Ende des Monats erreicht Mars die Hörner des Stiers.

♃ *Jupiter*

ist noch bis zum 7. Juli in der frühen Abenddämmerung am westlichen Horizont zu sehen, dann verschwindet er im Sonnenglanz und erreicht am 29. die Sonne.

♄ *Saturn*

hebt sich in den späten Abendstunden über den östlichen Horizont. Saturn läuft in der lichtarmen Region der Fische, unterhalb des markanten Sternbildes Pegasus. Dieses Quadrat hilft auch, die Fische zu finden. Am 7. Juli zieht mit enormen Abstand der Mond an Saturn vorbei. Diese Konjunktion erinnert an die Verwandtschaft der beiden Wandler. Beide sind Grenzsteine: Der Mond schließt den irdischen Bereich ab und Saturn den klassischen planetarischen Bereich.

STERNSCHNUPPEN: PERSEIDEN
Zwischen dem 17. Juli und dem 24. August erhellen die Perseiden den Himmel. Das eigentliche Maximum liegt im August, denn dann kreuzt die Erde die Bahn des Kometen 109P/Swift-Tuttle, dessen Staub als imposante Meteore sichtbar wird. Aber auch im Juli kann es schon zu eindrucksvollen Sternschnuppen aus der Richtung des Perseus kommen.

Juli 2026

13. –17. Woche nach Ostern 2026

	SONNE				MOND			
Datum	Bild	Zeichen	Aufg.	Unterg.	Bild	Aufg.	Unterg.	Position
1. Mi.			5.37	21.31	● Schütze 19h ● Steinbock	22.53	6.31	
2. Do.			5.37	21.30	● Steinbock	23.16	7.40	
3. Fr.			5.38	21.30	● Steinbock	23.35	8.51	
4. Sa.			5.38	21.30	● Steinbock 3h ● Wasserm.	23.52	10.01	☊ 9.51
5. So.			5.39	21.29	● Wassermann	—	11.11	
6. Mo.			5.40	21.29	● Wassermann 2h ● Fische	0.07	12.23	
7. Di.			5.41	21.28	● Fische	0.23	13.37	☾ 21.29
8. Mi.			5.42	21.28	● Fische 22h ● Widder	0.40	14.54	
9. Do.			5.42	21.27	● Widder	1.00	16.16	
10. Fr.			5.43	21.27	● Widder 15h ● Stier	1.26	17.40	
11. Sa.			5.44	21.26	● Stier	2.01	19.03	
12. So.			5.45	21.25	● Stier	2.50	20.16	⌒ 17.10
13. Mo.	Zwillinge		5.46	21.25	● Stier 1h ● Zwillinge	3.55	21.12	Pg 9.50
14. Di.			5.47	21.24	● Zwillinge 21h ● Krebs	5.16	21.54	● 11.44
15. Mi.			5.48	21.23	● Krebs	6.43	22.24	
16. Do.			5.49	21.22	● Krebs 8h ● Löwe	8.10	22.47	
17. Fr.			5.50	21.21	● Löwe	9.32	23.05	☋ 2.29
18. Sa.			5.51	21.21	● Löwe 20h ● Jungfrau	10.50	23.21	
19. So.			5.52	21.20	● Jungfrau	12.04	23.37	
20. Mo.		Krebs	5.53	21.19	● Jungfrau	13.15	23.54	
21. Di.			5.54	21.18	● Jungfrau	14.27	—	☽ 13.04
22. Mi.			5.56	21.17	● Jungfrau 11h ● Waage	15.37	0.12	
23. Do.			5.57	21.15	● Waage 23h ● Skorpion	16.46	0.34	
24. Fr.			5.58	21.14	● Skorpion	17.52	1.02	
25. Sa.			5.59	21.13	● Skorpion	18.52	1.37	Ag 18.37
26. So.			6.00	21.12	● Skorpion 14h ● Schütze	19.43	2.22	◡ 5.51
27. Mo.			6.02	21.11	● Schütze	20.24	3.17	
28. Di.			6.03	21.09	● Schütze	20.56	4.21	
29. Mi.			6.04	21.08	● Schütze 2h ● Steinbock	21.21	5.29	○ 16.36
30. Do.	Krebs	Löwe	6.05	21.07	● Steinbock	21.41	6.41	
31. Fr.			6.06	21.06	● Steinbock 3h ● Wasserm.	21.59	7.52	☊ 13.54

Alle Zeitangaben = Sommerzeit

KONSTELLATION

sichtbar	unsichtbar	Bemerkungen / Feste
	☾☍☿^{14} ☾☌♃^{22}	
	☾☌♇^{7}	
	☾☍♀^{19}	
	♂☌♅^{8}	Nur im Fernglas zu sehen: enge Konjunktion von Mars und Uranus.
	♂△♇^{15}	
	☉□♄^{13}	Die Erde hat ihren sonnenfernsten Punkt erreicht.
☾☌♄^{19} 6°	☾☌♆^{1}	Der Halbmond läuft auf Saturn zu.
		Venus steht bei Regulus im Löwen.
☾☌♂^{15} 5°	☾☌♅^{8}	Die Mondsichel steht oberhalb von Mars am Morgenhimmel.
	☉☌☿^{3} ♀□♅^{16}	Merkur in unterer Konjunktion.
	☾☌☿^{8}	
	☽☌♃^{6} ☾☍♇^{8}	
☾☌♀^{17} 2°		Mond, Venus und Regulus bilden einen Dreiklang am Abendhimmel.
	♅△♇^{7}	Mars wandert zwischen die Hörner des Stieres hinein.
	☽☍♆^{15}	
	♃△♆^{10} ☽☍♄^{10} ♃☍♇^{17}	
	☽☍♅^{13}	
	☽☍♂^{17}	
	☉☍♇^{9} ☉△♆^{10}	
	☽☍☿^{2}	
	♀□♂^{9} ☽☌♇^{12} ☉☌♃^{14}	Jupiter in Konjunktion mit der Sonne.
	29.: ☾☍♃^{16}	

Sichtbarkeit der Planeten

abends:
Venus, Jupiter bis 7.

morgens:
Mars,
Saturn

Merkur
● Zwillinge
rückläufig bis 23.

Venus
● Löwe

Mars
● Stier

Jupiter
● Krebs

Saturn
● Fische
rückläufig ab 27.

Uranus
● Stier

Neptun
● Fische
rückläufig ab 8.

● **Feuerzeichen/Frucht:** Widder, Löwe, Schütze

● **Erdzeichen/Wurzel:** Stier, Jungfrau, Steinb.

● **Luftzeichen/Blüte:** Zwill., Waage, Wasserm.

● **Wasserzeichen/Blatt:** Krebs, Skorpion, Fische

August 2026

SONNENFINSTERNIS IN SPANIEN. Es ist wieder der August, wie 1999! Um einen Tag später wie die Sonnenfinsternis, die 1999 durch Frankreich, Deutschland und Österreich lief, zieht jetzt der Finsternispfad durch Spanien. Die Finsternis beginnt in Nordsibirien, wandert dann über den Nordpol, streift Grönland und Island und kreuzt dann die iberische Halbinsel. Auf den folgenden Seiten ist die Finsternis ausführlich beschrieben.

Westen, abends

Venus wandert im August durch die Jungfrau.

EIN RUF DES LEBENS. Während die Sonnenfinsternis das Leben in Frage stellt, feiert Venus es! Der Planet der Liebe zieht durch die Jungfrau und wandert zum Monatsende auf Spica zu. Die Jungfrau, Demeter, ist Bild des Lebens, das sich durch das neue Leben steigert. Spica, der Hauptstern des Bildes, repräsentiert dieses neue Leben, denn der Stern repräsentiert die Ähre, das Leben in seiner Potenz und Möglichkeit.

AN SEINEM PLATZ

Venus zieht durch die Jungfrau und steht damit in einem Bild, das ihr entspricht. So ist es auch mit Mars. Der Planet der Tatkraft und des Krieges wandert durch den Stier und erreicht am 3. August dessen Hörner. Hier ist die ausstrahlende Energie des Bildes besonders zu fassen. Mars steigert sie nun.

Totale Sonnenfinsternis
12. August in Spanien

> *Nie und nie in meinem ganzen Leben war ich so erschüttert, von Schauer und Erhabenheit so erschüttert, wie in diesen zwei Minuten, es war nicht anders, als hätte Gott auf einmal ein deutliches Wort gesprochen und ich hätte es verstanden.*
> Adalbert Stifter, Sonnenfinsternis in Wien 1842

Es ist die erste totale Sonnenfinsternis auf europäischem Festland nach der Finsternis vom 11. August 1999. Der Finsternisstreifen beginnt in Nordsibirien, zieht dann über den Nordpol, Grönland und Island, um dann Spanien zu passieren und bei den Balearen im Mittelmeer zu enden.

Dass die Finsternis genau einen Tag später stattfindet als diese letzte europäische, ist dabei Zufall, wie auch die Tatsache, dass in Spanien nun drei Sonnenfinsternisse hintereinander sich ereignen: jetzt am 12. August, dann am 2. August 2027 etwas weiter südlich auf der iberischen Halbinsel und eine ringförmige Sonnenfinsternis am 26. Januar 2028 an Spaniens Südspitze. So werden die Bewohner der iberischen Halbinsel in einer seltenen Fülle von diesem Grenzphänomen beschenkt. Und es ist ein Grenzphänomen! Fünf Mal habe ich seit der Sonnenfinsternis von 1999 eine Totalität beobachten können und jedesmal ist es ein einzigartiges Erlebnis. Wie bei allen Grenzphänomenen – so beschreibt es ja Stifter in dem obigen Zitat – sind Schönheit und Furchtbarkeit eng beieinander, wenn so «der geheimnisvolle Schein eines Jenseits» zu sehen ist. Und ebenfalls zu einem Grenzphänomen gehört, dass die üblichen Begriffe und Beschreibungen eines Naturphänomens bei einer Sonnenfinsternis kaum greifen.

Das gilt zum Beispiel für die Farbe der Landschaft: Eine merkwürdige Mischung aus bleiernem, ockergelben schweren Licht liegt auf der Natur – senffarben. Gleichzeitig erzeugt die immer schmaler werdende Sonnensichel eine scharfe Zeichnung von Licht und Schatten. All die Phänomene um eine Sonnenfinsternis steigern sich dann mit der Totalität. Die wie mit einem Messer gezogene schmale Sichel der Sonne zerfällt in einzelne Lichttropfen und dann wird es dunkel. Es lohnt sich, kurz zuvor in der Landschaft westlich zu schauen, wie die Finsternis heranrollt. Es ist, als würde ein Finsterniswesen sich der Erde bemächtigen. In diesem

Stimmung während der Finsternis
Die Landschaft ist in ein unwirkliches Dämmerlicht getaucht und um die Sonne strahlt majestätisch die Korona.

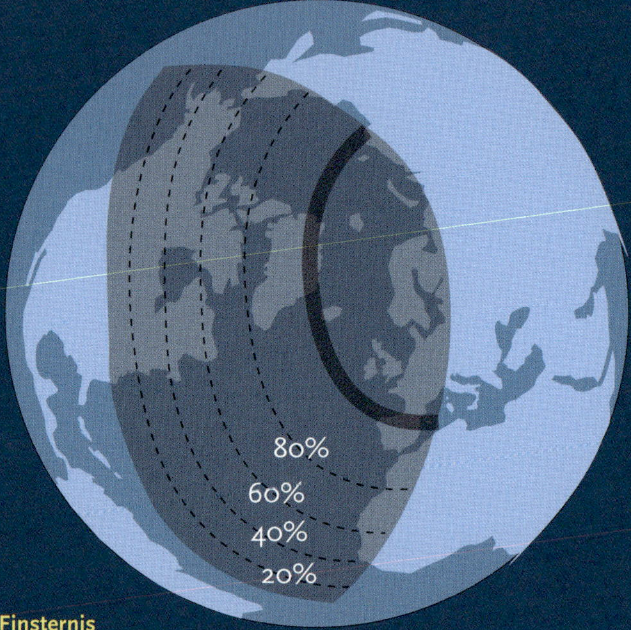

Der Pfad der Finsternis
Der Mondschatten streift Grönland und Island, um dann Spanien zu überqueren.

Moment versteht man die germanische antike Vorstellung des Fenris-Wolfes. Er repräsentiert die Mondbahn, die nun die Sonne zu verschlingen droht. Mit der Totalität senkt sich ein Schauder über alle Beobachtenden. Die Sonne und ihr ewiges Versprechen von Licht und Wärme scheint gebrochen. Doch was geschieht dann? Um den anthrazitfarbenen Mond vor der Sonnenscheibe entfaltet sich ein transparenter vielgliedriger Schleier von unermesslicher Schönheit – die Sonnenkorona! Schauer und Erhabenheit nennt es Stifter, was in diesem Moment zugleich durch die Seele zieht. Die längsten Sonnenfinsternisse dauern über sechs Minuten. In Spanien oder Island sind es eine oder zwei Minuten – doch diese Zeitspanne ist eine Ewigkeit. Man meint, die Zeit stehe still. Und dann ist es mit einem Mal zuende. Ein erster Lichttropfen findet durch ein Mondtal den Weg zum eigenen Auge. Was für ein Erlebnis! Da reicht dieser einzige Strahl und sogleich ist alles anders. Die Bedrückung weicht, die finstere Stimmung verfliegt im selben Augenblick. Es gibt keine stärkere Naturerfahrung, die die

Finsternis im Norden

Die Dunkelzone streift Island an seiner Westkante. Die Wetterbedingungen sind allerdings auf Island nicht gut.

Die Finsternis in Spanien

Attraktiver ist die Beobachtung von der iberischen Halbinsel aus. Während an der Nordwestküste die Sonne zur Totalität noch 10° über dem Horizont steht, sind es an der Ostküste nur noch 4°. Das ist immer noch gut. Der Blick von den Balearen ist mit 2° sehr tief. Da sollte der Horizont ganz frei sein.

Stimmung von Ostersonntag, von neuem Anfang, von Morgen so mächtig ausdrückt, wie dieses erste neue Licht. Auch wenn man physikalisch sagen kann, dass nun die Verhältnisse vom Zugang auf die Totalität sich einfach umdrehen, so ist doch alles anders. Viele warten nicht die ganze Zeit ab, bis der Mond wieder die Sonne ganz frei lässt. Wenn sich die Spannung löst, brauchen viele Zeit, das Himmelsschauspiel zu verarbeiten.

Die Sonnenfinsternis in Spanien findet in den Sommerferien statt und das spanische Klima verspricht wolkenarme Sicht. Deshalb ist mit großem öffentlichen Interesse zu rechnen. Wie schön!

Umstände der Finsternis

Die Bahn des Mondes um die Erde ist um 5° geneigt, sodass der Schatten des Neumondes meistens über oder unter die Erde fällt. Zweimal im Monat wandert der Mond durch seinen Knoten, er schneidet die Ekliptikebene. Wenn er nahe an diesem Schnittpunkt als Neumond zwischen Erde und Sonne steht, so trifft sein Schatten die Erde, es kommt zu einer Sonnenfinsternis.

Wenn der Mond sich allerdings nahe an seinem Knoten befindet, dann erreicht der Schattenkegel, den der Mond wirft, die Erde. Jetzt im August erreicht der Mond seinen absteigenden Knoten 17 Stunden nach seiner Neumondstellung. Er befindet sich somit zum Zeitpunkt des Neumondes etwas oberhalb der Ekliptik, deshalb trifft sein Schatten die Nordhalbkugel der Erde. In 18 Jahren und 11 Tagen treten wieder verwandte Verhältnisse ein, der sogenannte Saroszyklus, sodass es wieder zu einer Finsternis kommt. Dann hat sich der Neumondzeitpunkt schon etwas weiter vom Knoten entfernt, sodass die Finsternis weiter in den Norden wandert. Das geschieht nur noch einmal, 2044. Danach werden aus den Finsternissen dieses Zyklus nur noch partielle Finsternisse kommen. 2459 erreicht dabei der Mondschatten das letzte Mal die Erde, dann ist nach 72 Finsternissen der Saroszyklus 126 an seinem Ende angelangt. Insgesamt gibt es 42 Saroszyklen, die durchschnittlich 66 totale Sonnenfinsternisse pro Jahrhundert erzeugen. Dass man an einem bestimmten Ort eine totale Sonnenfinsternis erlebt, dauert übrigens durchschnittlich 375 Jahre. In der Schweiz ist es erst 2081 wieder soweit. Nun wandert der Mond auf einer Elipse um die Erde, sodass seine Distanz zur Erde zwischen 350 000 km und 420 000 km schwankt. Dabei pendelt naturgemäß auch die scheinbare Größe des Mondes. Dabei gehört es zu den Rätseln des Sonnensystems und der Beziehungen seiner Wandler, dass der Mond 400-mal kleiner ist als die Sonne

Die geneigte Mondbahn
Weil die Mondbahn zur Sonnenbahn geneigt ist, fällt der Mondschatten meistens jenseits der Erde ins Leere.

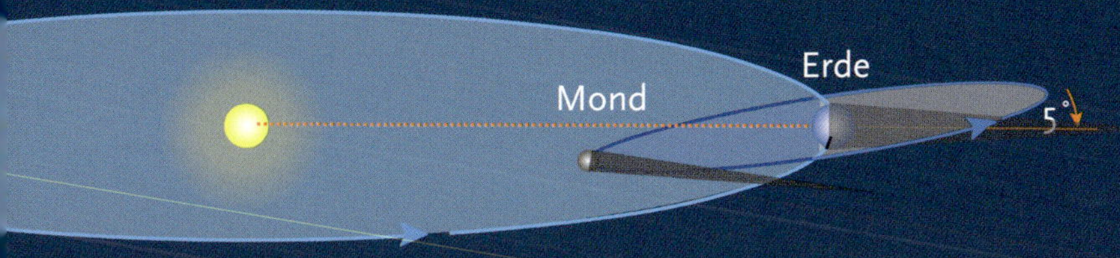

und auch 400-mal näher an der Erde steht als die Sonne. Weil beide Größen gleich sind, reicht eine etwas größere Distanz des Mondes zur Erde, und aus einer totalen Sonnenfinsternis wird eine ringförmige.

Dramaturgie der Finsternis

Am Anfang ist nichts zu bemerken, es sei denn, man schaut mit einer Sonnenschutzbrille zur Sonne. Noch genauer sieht man es, wenn man auf einen Feldstecher eine Sonnenschutzfolie befestigt und damit zur Sonne sich wendet. Dann sieht man, etwa 60 Minuten vor der Totalität, wie sich langsam der Mond von rechts unten in die Sonne hereinschiebt.

Dass es dabei langsam dunkler wird, ist kaum zu bemerken, weil das Auge diesen Lichtverlust ausgleicht. Nach etwa 45 Minuten ist die geänderte Stimmung deutlich zu spüren. Immer düsterer und dumpfer wird die Stimmung. Manche Tiere reagieren. Vögel suchen ihr Nest. Der Himmel gewinnt eine stahlblaue dunkle Tönung. Schaut man in die Gesichter von anderen Beobachtenden, so sieht man die scharfe Zeichnung. Hat man einen Busch in der Nähe, so sieht man am Boden hunderte von kleinen Sicheln. Die Zwischenräume zwischen den Blättern fungieren als Linse und projizieren die Sonnensichel. Wenn man einen Zweig mit Blättern vorbereitet hat, kann man ihn in der Hand schwenken und sieht die am Boden tanzenden Sonnensicheln.

Die letzten Minuten sind dramatisch. Ein Wind setzt ein, und wer einen weiten Blick nach Nordwesten hat, sieht vielleicht in der Ferne einen Schatten heraneilen. Die Menschen werden still, gespenstisch wird die Atmosphäre. Es lohnt sich, immer wieder den Blick in die Landschaft zu lenken, um zu sehen, wie die ganze Natur von dem Schauspiel ergriffen wird. In den letzten zwei Minuten schmilzt die scharf gezogene Sonnensichel zusammen. Sie wird immer kürzer, bis sie zu einem kurzen Strich und einem Punkt zusammenschmilzt. Mit einer Woge kommt die Finsternis über einen. Der zuvor schwarze Mond bekommt eine anthrazitfarbene Tönung. Der Himmel wechselt in ein tiefes Stahlblau und rings herum am Horizont sind gelbe und orange Farben vergleichbar eines Sonnenuntergangs zu sehen. Es ist so still, man hört das eigene Herz schlagen. Bei der Sonnenfinsternis 2006 in der Türkei lief eine Taube auf uns zu und legte ihren Kopf auf den Schuh meines Freundes. Die ersten Sekunden der Totalität sind kostbar. Denn jetzt sieht man für wenige Augenblicke die Chromosphäre der Sonne. Es ist eine dünne, 2000 km mächtige Haut über dem Sonnenleib und geht in die Sonnenkorona über. Was auf Fotografien wie Feuerzungen aussieht, das zeigt sich hier im Fernglas oder Teleskop als unendlich zarte, inkarnatfarbene Lichterscheinung.

Anthroposophie der Sonnenfinsternis

Eine Sonnenfinsternis ist schon in der Anschauung ein Grenzphänomen. Doch lässt sich auch geistig beschreiben, was in diesem Moment geschieht? Die Erde ist immer im Glanz der Sonne aufgehoben. Alles, was auf der Erde geschieht, ist in diesem Sonnenlicht beheimatet. Die Sonnengesänge von Echnaton, von Julian Apostata und später von Franz von Assisi besingen diese sinnlich-übersinnliche Lebens- und Liebesgabe der Sonne. Bei einer Sonnenfinsternis ist für einen Moment diese Sonnenhülle der Erde unterbrochen. Eine Schülerin sagte beim Anblick der Finsternis, sie hätte sich auf einen anderen Planeten entrückt gefühlt. Was für eine Beobachtung! Tatsächlich, auf der Erde zu leben bedeutet zugleich ‹in› der Aura der Sonne aufgehoben zu sein. Wir leben auf der Erde und in der Sonne. Damit ist auch all das, was zum Schattenhaften der Persönlichkeit gehört, vom Sonnenglanz ergriffen. In Goethes Faust preisen am Anfang die Engel die Schöpfung und setzen die Sonne an die erste Stelle:

> Die Sonne tönt nach alter Weise
> In Brudersphären Wettgesang,
> Und ihre vorgeschriebne Reise
> Vollendet sie mit Donnergang.

Totale Sonnenfinsternis 12. August in Spanien

Das erste Licht
Das erste Diamantlicht dringt durch ein Mondtal zur Erde – was für ein Moment. Außerdem sieht man den rötlichen Saum der Chronosphäre.

Am Ende der Szene wendet sich Gottvater dann an die Engel:

> Doch ihr, die echten Göttersöhne,
> Erfreut euch der lebendig reichen Schöne!
> Das Werdende, das ewig wirkt und lebt,
> Umfass euch mit der Liebe holden Schranken,
> Und was in schwankender Erscheinung schwebt,
> Befestiget mit dauernden Gedanken!

Mit «der Liebe holden Schranken» sollen die Engel, was in schwankender Erscheinung schwebt, mit dauernden Gedanken befestigen. Was heißt das? Alles, was Faust auch tut, mögen die Engel mit Gedanken der Liebe begleiten. Sie sollen nicht eingreifen, aber es sehr wohl gedanklich begleiten. Damit ist die geistige Sonne gemeint! Während die sichtbare Sonne jeden unserer Schritte in

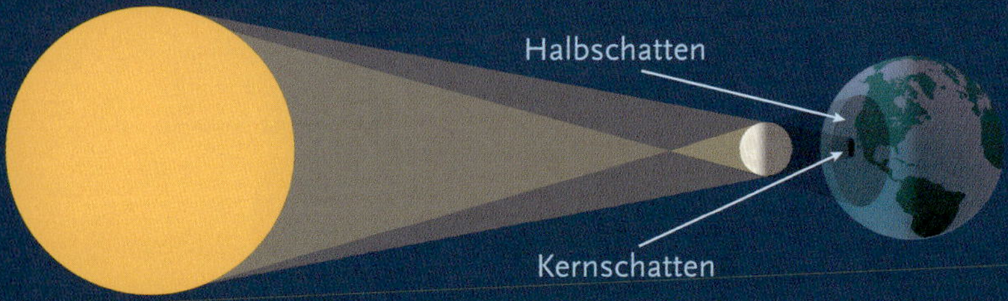

Mondschatten auf der Erde
Der Mond zeichnet einen bis zu 270 km breiten Kernschatten auf die Erde. Im Halbschatten ist ein Teil der Sonne noch sichtbar.

ihr Licht hüllt, sind es die Engel als die Boten der geistigen Sonne, die ideell die menschlichen Wege in geistiges Licht hüllen. Mit der Sonnenfinsternis ist diese sinnlich-übersinnliche Hülle für kurze Zeit fortgenommen. Die Erde, wir Menschen sind kosmisch hüllenlos. Das ist ein Schmerz und auch ein sonderbares Gefühl der Befreiung. Doch wie gut, wenn nach den wenigen Minuten Finsternis das erste Licht, wie ein allererstes Licht, wieder die Erde berührt! Da gilt nochmals Fausts Wort: «Die Erde hat mich wieder!»

Ortswahl

Bei der Suche nach einem geeigneten Ort gilt zu beachten:

- Man sollte sich im mittleren Drittel des Finsternispfades aufhalten, denn dort dauert die Finsternis am längsten. Dabei muss es nicht direkt die Zentrallinie sein, denn auch 50 km abseits davon nimmt die Finsternislänge kaum ab.
- Freie Sicht nach Nordnordwest: Es ist gut, wenn man in der Richtung, aus der die Finsternis auf einen ‹zurollt›, freie Sicht hat. Bei dieser Finsternis gilt das besonders, weil die Sonne recht tief steht zum Zeitpunkt der Verdunklung, ja sie geht für viele Orte bald nach der Totalität schon unter. Wegen dem tiefen Stand der Sonne sind die Balearen und auch die Ostküste Spaniens nicht so günstig. Hier sieht man das Schauspiel dann recht nahe am Horizont. Selbst in Zentralspanien, beispielswei-

se in Burgos, hat die Sonne zum Maximum eine Höhe von nur 8° über der Landschaft. Das entspricht ungefähr der waagrecht ausgestreckten Handfläche. Das erscheint wenig, ist dann aber doch recht viel. Denn es ist zu berücksichtigen, dass wir visuell den Horizont gedehnt erleben. Was sich dort abspielt, erleben wir etwas größer als es tatsächlich ist. Deshalb erscheint auch der Vollmond am Horizont größer, als wenn er hoch am Himmel steht.

- Auch lohnt es sich, einen stillen Ort zu suchen. Wichtig ist natürlich die Wolkenwahrscheinlichkeit im Blick zu haben. Auf Island liegt sie im Sommer leider bei 80% bis sogar 90%. Deshalb ist es recht unwahrscheinlich, hier einen klaren Himmel zu erwischen. An der Nordküste Spaniens gibt es aufsteigende Winde vom Atlantik, die zu Wolkenbildung führen. Deshalb liegt die Bedeckungswahrscheinlichkeit dort bei 60% und sinkt nach etwa 50 km auf 45%. Im spanischen Inland liegt sie nur bei 10–20 Prozent. Erst an der Ostküste steigt sie wieder geringfügig an. Aus den beschriebenen Gründen besteht in Spanien im Raum von Leon, Burgos bis Höhe von Saragossa die beste Bedingung für einen freien Himmel. Dabei lohnt sich, in den Tagen vor der Finsternis die Wetterprognosen im Auge zu behalten. Manchmal ist ein kurzfristiger Ortswechsel die richtige Entscheidung.

Vorsichtsmaßnahmen

Selbst die schmalste Sichel der Sonne erzeugt eine solche Fülle an Licht, dass der Blick mit dem ungeschützten Auge sehr gefährlich ist. Das Auge verfügt nämlich über keine Temperaturwahrnehmung. Man merkt nicht, dass sich die Hitze in den Augenhintergrund einbrennt und zu dauernden Schäden auf der Netzhaut führt. Deshalb nur mit einer speziellen Finsternis-Brille, wie es sie online und bei Optikgeschäften gibt, in die Sonne schauen. Die Hausmittel, wie CD-Scheibe, Negativfilm oder berußte Glasplatte, sind nicht zu empfehlen, weil hier unsicher ist, wie viel Energie hindurchkommt. Sobald die Totalität beginnt, schaut man selbstverständlich ohne Filter in die verdunkelte Sonne. Auch mit einem Fernglas kann man jetzt ohne Schutz in die Sonne schauen. Es ist ratsam, die letzten zehn Sekunden der Totalität nicht mehr im Fernglas zu schauen, sondern nur mit dem bloßen Auge.

Vorbereitung

Die Dauer der Finsternis ist kurz. Deshalb lohnt es sich, die Beobachtungszeit zu planen. Zum Beispiel in dieser Art:

- Bei Beginn der Totalität kurzer Blick mit dem Fernglas auf die Sonne, um die Chromosphäre zu sehen, diese so unendlich lieblich schimmernde rosa-farbene Haut der Sonne.
- Dann der ruhige Blick in die Landschaft und von dort zum Himmel, zum Strahlenkranz um die Sonne. In keinem anderen Moment kann man diese transparente Peripherie der Sonne beobachten.
- Darauf folgt ein Blick zum Horizont, wie er über 360° einen orange-roten Dämmerungsschein zeigt. Dabei gilt, immer einen Atemzug in Stille und Ruhe auf dem Anblick zu verweilen.
- Dann ein Blick oberhalb der Sonne, Richtung Zenit, um Venus zu sehen und vielleicht sogar zwischen Venus und Sonne Regulus, den Hauptstern im Löwen. Dazu ist es hilfreich, sich zuvor den Himmel zum Zeitpunkt der Finsternis eingeprägt zu haben (siehe Abbildung).
- Es lohnt sich, auch auf andere Beobachtende zu schauen. Ich werde nie vergessen, was ich bei der Sonnenfinsternis auf der Osterinsel 2012 sah. Eine Reiseteilnehmerin schaute zur verfinsterten Sonne und den sie umgebenden Strahlenkranz und war so berührt, dass ihr die Tränen kamen. Zugleich sah ich, was Platon über das Schöne sagt. Wer das Schöne sieht, wird schön. Sie strahlte in Schönheit, beinahe mehr als die Schönheit da oben!

Land	Ort	Dauer der Totalität	Max. Finsternis (Ortszeit)	Wahrsch. klarer Himmel	Höhe der Sonne bei Anfang, Maximum und Ende
Grönland	Station Nord	1m 7s	17.18	40%	21° / 20° / 18°
Island	Hellissandur	2m 7s	17.46	24%	31° / 25° / 19°
Island	Reykjavik	1m 0s	17.48	32%	31° / 25° / 18°
Spanien	A Coruña	1m 15s	20.28	56%	22° / 12° / 2°
Spanien	Oviedo	1m 48s	20.28	41%	20° / 10° / 1°
Spanien	Leon	1m 44s	20.29	76%	20° / 10° / 0°
Spanien	Santander	1m 3s	20.27	42%	19° / 9° / 0°
Spanien	Burgos	1m 44s	20.29	68%	18° / 8° / –
Spanien	Saragossa	1m 24s	20.29	73%	16° / 6° / –
Spanien	Valencia	0m 58s	20.33	68%	15° / 4° / –
Spanien	Ibiza	1m 3s	20.33	72%	13° / 3° / –
Spanien	Palma	1m 36s	20.32	74%	12° / 2° / –

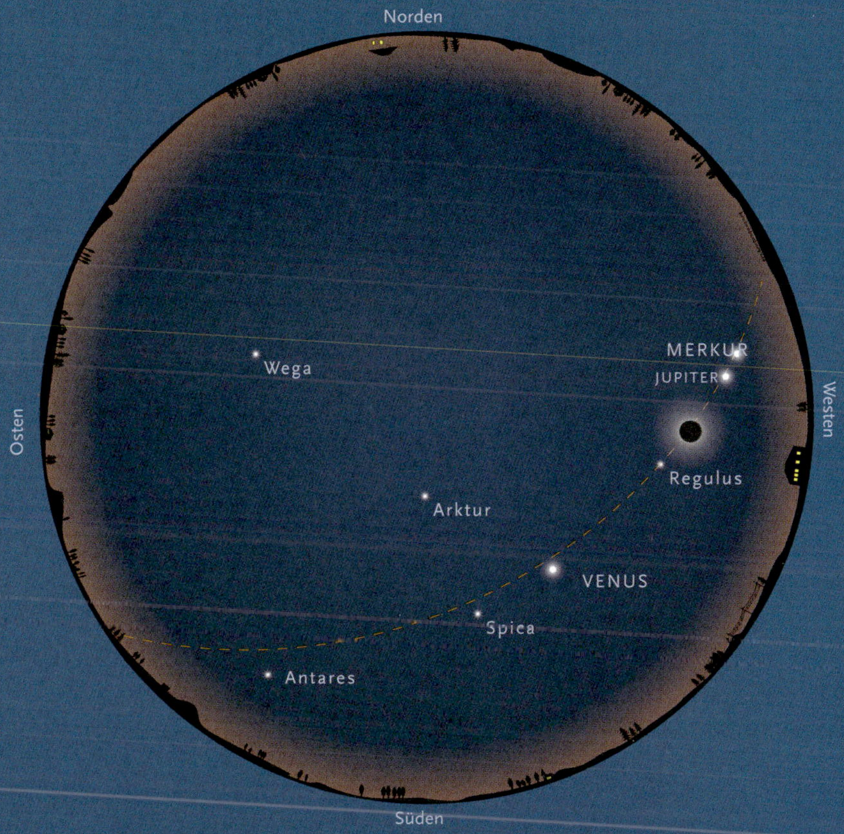

Sternhimmel zur Sonnenfinsternis
Venus und die hellen Sterne Spica und Antares sind während der Finsternis zu sehen.

Die Sonnenfinsternis als partielle Finsternis

Schaut man von außerhalb des Finsternisstreifens, so sieht man zum Zeitpunkt des Maximums noch immer eine schmale Sichel am Himmel. Mit wachsendem Abstand von der Zentrallinie wird die Sichel immer größer. Die Tabelle rechts listet für eine Reihe von Orten auf, wann die Verdunklung beginnt. So kann man zur gegebenen Sekunde den mit einem Filter versehenen Feldstecher zur Sonne richten und den Moment abpassen, wenn das Schauspiel beginnt. Mich überrascht es immer wieder, dass man so auf die Sekunde vorausberechnen kann, wann der Mond beginnt, sich vor die Sonne zu stellen. Das Ende der Finsternis ist für diese Orte nicht sichtbar, die Sonne ist dann bereits untergegangen.

Ort	Maximale Bedeckung	Beginn Finsternis (Ortszeit)	Maximum Finsternis (Ortszeit)	Höhe der Sonne Anfang, Max., Ende
Berlin	85%	19.15.29	19.08.25	11° / 3° / –
Bremen	86%	19.14.51	19.08.50	14° / 6° / –
Dortmund	88%	19.17.35	19.11.43	14° / 6° / –
Dresden	86%	19.17.52	19.10.33	10° / 2° / –
Düsseldorf	88%	19.18.09	19.12.24	15° / 6° / –
Frankfurt	88%	19.19.56	19.13.38	13° / 5° / –
Hamburg	85%	19.13.57	19.07.45	13° / 6° / –
Hannover	86%	19.15.58	19.10.33	13° / 5° / –
Köln	88%	19.18.36	19.09.40	14° / 6° / –
Leipzig	86%	19.17.36	19.10.36	11° / 3° / –
Mannheim	89%	19.21.02	19.14.42	13° / 4° / –
München	89%	19.22.59	19.15.47	10° / 2° / –
Nürnberg	89%	19.20.52	19.13.56	11° / 3° / –
Stuttgart	89%	19.22.11	19.15.37	12° / 4° / –
Luxembourg	90%	19.20.56	19.15.10	14° / 6° / –
Asterdam	88%	19.16.05	19.10.55	16° / 8° / –
London	91%	18.17.18	18.13.19	19° / 10° / –
Kopenhagen	84%	19.10.08	19.03.37	13° / 5° / –
Paris	89%	19.22.59	19.15.47	10° / 2° / –
Wien	90%	19.22.02	–	7° / – / –
Basel	91%	19.24.22	19.18.01	13° / 4° / –
Bern	91%	19.25.23	19.13.00	13° / 4° / –
Genf	93%	19.26.44	19.20.35	13° / 4° / –
Zürich	91%	19.24.34	19.17.59	12° / 3° / –

Anfang und Maximum
Die Liste zeigt das Finsternisgeschehen an Orten außerhalb der Zentrallinie. Die Sonne geht schon vor dem Ende der Finsternis unter.

Die Sonnenfinsternis in Mitteleuropa
In Mitteleuropa ist die Sonnenfinsternis nur partiell zu sehen. Außerdem geht wie in Ostspanien die Sonne vor Ende der Finsternis unter. Das Schauspiel ist trotzdem eindrucksvoll!

Die nachfolgende partielle Mondfinsternis

Wenn Sonne, Mond und Erde in einer Ebene stehen und so der Mondschatten die Erde trifft, dann fällt gewöhnlich zwei Wochen später oder früher auch der Erdschatten auf den Mond. Entsprechend folgt auf eine Sonnenfinsternis eine Mondfinsternis. Das geschieht am 28. August. Jetzt tritt der Mond in den Schatten der Erde. Da die Atmosphäre der Erde das Sonnenlicht streut, kommt es dabei zu keiner vollständigen Verdunklung des Mondes. Dieser nimmt vielmehr einen rötlich-ockerfarbenen Ton an. Was für ein interessantes Bild: Die Erde kann keinen vollständigen Schatten werfen! Der Finsternisverlauf ist von Europa aus nur im ersten Teil zu sehen, weil der Mond kurz nach der maximalen Verdunklung um 6.13 Uhr bereits untergeht. Das bedeutet, dass der rote Mond tief am westlichen Horizont steht. Man sollte deshalb für die Beobachtung in diese Richtung freie Sicht haben. Die Untergangszeiten des Mondes für einige Orte:

Ort	Untergang Mond	Ort	Untergang Mond	Ort	Untergang Mond
Berlin	6.18 Uhr	Stuttgart	6.42 Uhr	Zürich	6.47 Uhr
Hamburg	6.30 Uhr	Basel	6.50 Uhr	Innsbruck	6.35 Uhr
Köln	6.48 Uhr	Bern	6.52 Uhr	Salzburg	6.27 Uhr
München	6.33 Uhr	St. Gallen	6.43 Uhr	Wien	6.12 Uhr

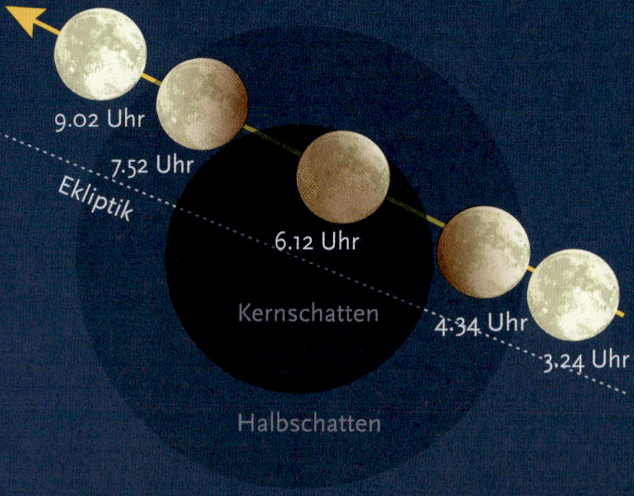

Die Sonnenfinsternis in Mitteleuropa
Composit-Aufnahme einer partiellen Mondfinsternis.

Wanderung von Mond und Planeten

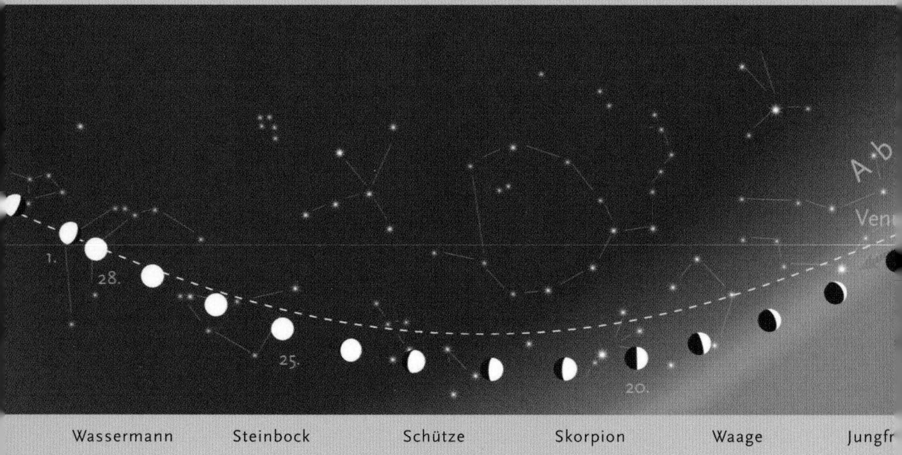

⊙ *Sonne*

Am 12. August stellt sich der Neumond vor die Sonne. Es ereignet sich eine Sonnenfinsternis, die von Island und Spanien als totale und von Mitteleuropa aus als partielle Finsternis zu sehen ist. Es ist nach 1999 die erste totale Sonnenfinsternis, die vom europäischen Festland aus zu beobachten ist.

☾ *Mond*

Am 28. August ereignet sich eine partielle Mondfinsternis, bei der der Kernschatten der Erde 96% des Vollmondes bedeckt. Die Finsternis ist von Mitteleuropa aus nur zum Teil zu beobachten, weil nach bzw. während der maximalen Verdunklung der Mond schon untergeht. Der ganze Verlauf ist nur von Nord- und Südamerika aus zu sehen. Der Mond tritt um 3.24 Uhr in den Halbschatten und eine Stunde später, um 4.34 Uhr in den Kernschatten. Maximum der Finsternis ist um 6.12 Uhr. Das Ende der partiellen Finsternis um 7.52 Uhr ist dann nicht mehr zu sehen, weil der Mond um 6.50 Uhr untergeht. Umso eindrucksvoller ist es, dass der verdunkelte Mond tief am Horizont steht und dadurch eine enge Beziehung zur Landschaft aufnimmt.

☿ *Merkur*

Merkur ist im August nicht zu sehen. Am 27. August steht er hinter der Sonne.

♀ *Venus*

ist am Abendhimmel am südwestlichen Horizont zu sehen und zieht dabei durch die Jungfrau. Am Monatsende erreicht sie Spica. Im Lauf des August sinkt dabei Venus immer tiefer, sodass sie Ende des Monats schon 1,5 Stunden nach der Sonne untergeht.

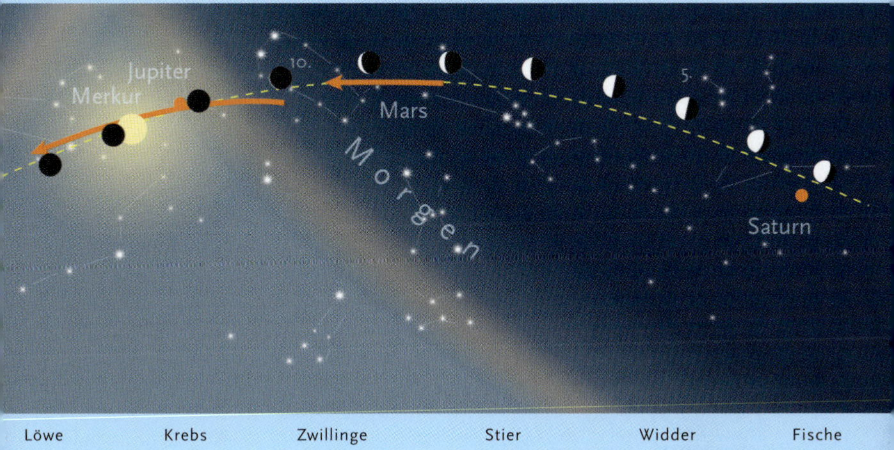

♂ *Mars*

ist am Morgen im Osten zu sehen. Er wandert im August von den Hörnern des Stiers in den inneren Bereich der Zwillinge und geht gegen 3 Uhr auf.

♃ *Jupiter*

ist ab dem 13. wieder am Morgenhimmel zu finden. In der Zeit seiner Unsichtbarkeit ist er in den Krebs gewandert und zieht nun auf Regulus, den Hauptstern des Löwen zu.

♄ *Saturn*

steigt in den späten Abendstunden im Osten über den Horizont und wandert rückläufig durch die Fische. Am 4. August und am 31. August stellt sich jeweils der Halbmond zu dem fernen Planeten und erinnert an die Verwandtschaft der beiden: Der Mond benötigt für seinen Phasenwechsel 29,5 Tage, Saturn für einen Umlauf 29,5 Jahre.

PERSEIDEN
Vom 10. bis 14. August mit einem Maximum in der Nacht vom 12. auf den 13. August erscheinen nach Mitternacht die Sternschnuppen aus dem Perseus. Bis zu zwei Sternschnuppen pro Minute sind, vor allem vor der Morgendämmerung, möglich. Der Neumond am 12. verspricht günstige Beobachtungsbedingungen.

August 2026

17. – 22. Woche nach Ostern 2026

	SONNE				MOND			
Datum	Bild	Zeichen	Aufg.	Unterg.	Bild	Aufg.	Unterg.	Position
1. Sa.	Krebs	Löwe	6.08	21.04	● Wassermann	22.15	9.03	
2. So.			6.09	21.03	● Wassermann 8h ● Fische	22.30	10.14	
3. Mo.			6.10	21.01	● Fische	22.46	11.27	
4. Di.			6.12	21.00	● Fische	23.05	12.42	
5. Mi.			6.13	20.59	● Fische 4h ● Widder	23.27	14.01	
6. Do.			6.14	20.57	● Widder 22h ● Stier	23.58	15.22	☾ 4.21
7. Fr.			6.16	20.56	● Stier	—	16.44	
8. Sa.			6.17	20.54	● Stier	0.39	17.58	
9. So.			6.18	20.52	● Stier 10h ● Zwillinge	1.36	19.01	◠ 1.38
10. Mo.			6.19	20.51	● Zwillinge	2.49	19.47	Pg 13.10
11. Di.			6.21	20.49	● Zwillinge 7h ● Krebs	4.12	20.22	
12. Mi.			6.22	20.48	● Krebs 18h ● Löwe	5.39	20.48	● 19.36
13. Do.	Löwe		6.23	20.46	● Löwe	7.03	21.08	☋ 11.57
14. Fr.			6.25	20.44	● Löwe	8.25	21.25	
15. Sa.			6.26	20.43	● Löwe 6h ● Jungfrau	9.41	21.42	
16. So.			6.27	20.41	● Jungfrau	10.56	21.58	
17. Mo.			6.29	20.39	● Jungfrau	12.09	22.16	
18. Di.			6.30	20.37	● Jungfrau 19h ● Waage	13.21	22.37	
19. Mi.			6.31	20.35	● Waage	14.32	23.02	
20. Do.			6.33	20.34	● Waage 6h ● Skorpion	15.40	23.34	☽ 4.45
21. Fr.			6.34	20.32	● Skorpion	16.43	—	
22. Sa.			6.35	20.30	● Skorpion 21h ● Schütze	17.38	0.16	Ag 10.17 ◡ 12.55
23. So.			6.37	20.28	● Schütze	18.23	1.07	
24. Mo.		Jungfrau	6.38	20.26	● Schütze	18.58	2.08	
25. Di.			6.39	20.24	● Schütze 9h ● Steinbock	19.25	3.15	
26. Mi.			6.41	20.22	● Steinbock	19.47	4.26	
27. Do.			6.42	20.21	● Steinbock 15h ● Wasserm.	20.06	5.38	☊ 20.46
28. Fr.			6.43	20.19	● Wassermann	20.22	6.50	○ 6.18
29. Sa.			6.45	20.17	● Wassermann 14h ● Fische	20.38	8.02	
30. So.			6.46	20.15	● Fische	20.54	9.16	
31. Mo.			6.47	20.13	● Fische	21.11	10.32	

Alle Zeitangaben = Sommerzeit

KONSTELLATION

sichtbar	unsichtbar	Bemerkungen / Feste
	☾☍♀^{15}	
	☾☌♆^{6}	Mars steht zwischen den Randsternen des Stiers.
☾☌♄^{1} 6°		Der Halbmond zieht oberhalb von Saturn vorbei.
	☉△♄^{5} ☾☌⛢^{17}	
☾☌♂^{7} 4°		Mondsichel oberhalb von Mars.
	♀△♇^{20} ♀☍♆^{24}	
	☾☌☿^{16} ☾☍♇^{17}	
☾☌♃^{2} 1°	☿☍♇^{3} ☿△♆^{6} ♀△⛢^{6}	Totale Sonnenfinsternis. Sichtbar in Spanien und auf Island.
	☿☌♃^{13} ☽☍♆^{24}	
☽☌♀^{9} 2°	☽☍♄^{18}	Mondsichel zieht an Venus vorbei.
	♂□♆^{12} ☿△♄^{17}	Venus und Mondsichel stehen in gleicher Höhe am Horizont.
	☽☍⛢^{22}	
	♀☍♄^{15}	
	☽☍♂^{15}	
	☽☌♇^{18}	Mars erreicht den inneren Bereich der Zwillinge.
	☽☍♃^{12}	
	☉☌☿^{19}	Merkur in oberer Konjunktion. Der Planet steht hinter der Sonne.
	☾☍☿^{7} ☿□⛢^{9} ☉□⛢^{24}	Partielle Mondfinsternis, in Europa weitgehend sichtbar.
	☾☌♆^{11}	
	☾☌♄^{5} ☾☍♀^{22}	

Sichtbarkeit der Planeten

abends:
Venus

morgens:
Mars, Jupiter ab 13.
Saturn

Merkur
1.–8. ● Zwillinge
9.–19. ● Krebs
20.–31. ● Löwe

Venus
● Jungfrau

Mars
1.–11. ● Stier
12.–31. ● Zwillinge

Jupiter
● Krebs

Saturn
● Fische
rückläufig

Uranus
● Stier

Neptun
● Fische
rückläufig

● **Feuerzeichen/Frucht:** Widder, Löwe, Schütze

● **Erdzeichen/Wurzel:** Stier, Jungfrau, Steinb.

● **Luftzeichen/Blüte:** Zwill., Waage, Wasserm.

● **Wasserzeichen/Blatt:** Krebs, Skorpion, Fische

September 2026

DIE SONNE DER NACHT. Im ägyptischen Mythos sind mehrere Götter der Sonne zugeordnet, je nach ihrer Tageszeit. Osiris ist die Sonne in der Nacht und das Sternbild Orion repräsentiert diese Nachtseite der Sonne. Sie spielt in der ägyptischen Sonnentheologie eine große Rolle. Jetzt scheint es, als würde Orion die Trigonstellung von Jupiter und Saturn orchestrieren, als würde dieses imposanteste Sternbild den Winkel aufspannen. Wenn dieses Bild tatsächlich die Sonne repräsentiert, dann ist dieser Gedanke nicht falsch, denn alle Bewegungen der Planeten haben ihre Wurzel in der Sonne, ihre Kraft ist es, die die Planeten auf ihrer Bahn hält, also passt es, dass Orion als ihr Sternenvertreter hier in der Mitte steht.

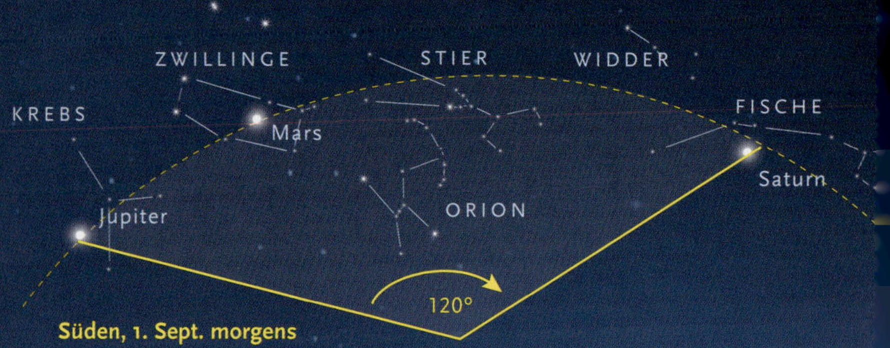

Südenen, 1. Sept. morgens

Jupiter und Saturn spannen ein Trigon auf.

DIE TRIGONSTELLUNG. Die Konjunktion von Jupiter und Saturn ist der große Puls des Planetensystems. Alle 20 Jahre kommen sie zusammen. Dazwischen gibt es wie bei einem Viervierteltakt drei Zwischenstationen: die Trigon-Stellung, dann die Opposition und dann wieder die Trigonstellung. Jetzt, am 1. September stehen beide das erste Mal in dem Winkel von 120°. Es wiederholt sich durch die Schleifenbewegung beider Wandler am 3. April 2027 und am 11. Juli 2027. Es sind Momente geometrischer Regelmäßigkeit im Sonnensystem.

Südwest, 1. Sept., 20 Uhr

Mondsichel, Venus und Spica bilden eine Reihe über dem Horizont.

Wanderung von Mond und Planeten

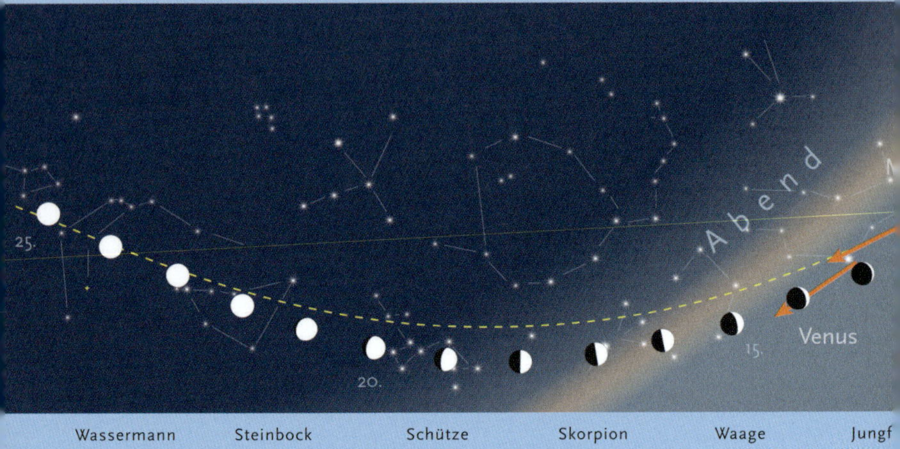

☉ *Sonne*

In diesem Jahr ist die Tagundnachtgleiche und astronomischer Herbstbeginn am 23. September um 2.05 Uhr. Die Sonne geht nun genau im Osten auf und im Westen unter.

☾ *Mond*

Am 7. und 8. steht der Mond zwischen Mars und Jupiter und verbindet die aufeinander zustrebenden Planeten. Am 14. und 15. September steht die Sichel tief bei Venus am südwestlichen Abendhimmel. Am 27. steht der Vollmond mit Saturn in den Fischen.

☿ *Merkur*

bleibt nach seiner Konjunktion mit der Sonne Ende August auch im September unsichtbar. Er löst sich zwar von der Sonne, tut dies aber am Abendhimmel und da hat im Herbst die Ekliptik eine flache Stellung.

♀ *Venus*

ist noch bis zur letzten Septemberwoche tief am südwestlichen Horizont zu sehen und wandert im Oktober dann vor die Sonne. Die Begegnung mit der Mondsichel zur Monatsmitte ist noch einmal ein malerischer Gruß des Abendsterns.

♂ *Mars*

An Mars lässt sich die Bewegung der Planeten am besten beobachten. In der zweiten Septemberwoche verlässt Mars den inneren Bereich der Zwillinge. Die rechteckige Form hat dem feurigen Planeten einen Halt gegeben, jetzt ist er wieder ‹im Freien› und läuft im Feld zwischen Zwillingen und Krebs. Der Aufgang von Mars liegt zur Monatsmitte bei 2 Uhr morgens.

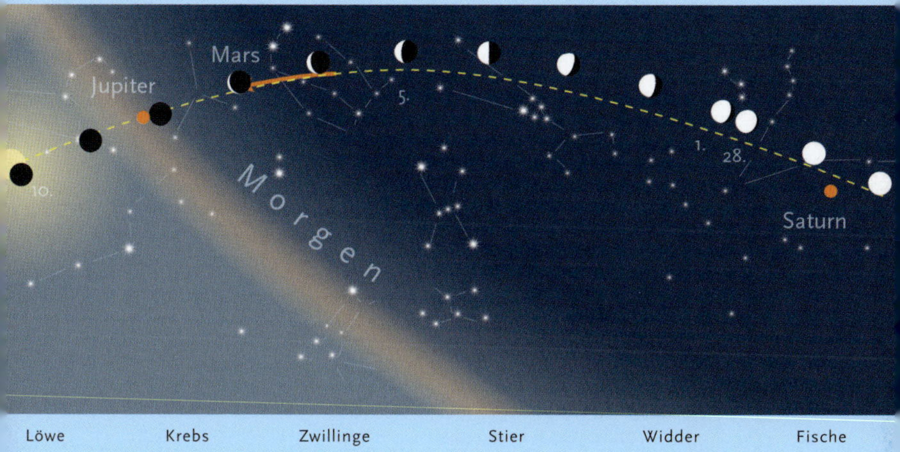

♃ *Jupiter*

steht im sternenfreien Raum zwischen Löwe und Krebs und steigt zur Monatsmitte gegen 4 Uhr über den nordöstlichen Horizont. Mit Saturn im Westen nimmt er dabei einen Winkel von 120° ein. Anders als die beiden weiteren Trigone mit Saturn 2027 ist diese besondere Stellung vor der Morgendämmerung gut zu sehen.

♄ *Saturn*

zieht unterhalb des waagrechten Lichtarms der Fische und geht, nachdem Venus schon versunken ist, nach Ende der Dämmerung im Osten auf. Dann beherrscht der ferne Wandler den Nachthimmel.

⛢ *Uranus*

wird am 10. September rückläufig.

♆ *Neptun*

steht am 26. September in Nachbarschaft zu Saturn in Opposition zur Sonne.

STERNSCHNUPPEN: ALPHA-AURIGIDEN
In den ersten Septembertagen sind die Alpha-Aurigiden. Maximum ist der 1. September. Gewöhnlich erscheinen sechs Meteore pro Stunde aus der Richtung Fuhrmann, südlich von Capella. Der volle Mond erschwert die Sicht.

September 2026

22. – 26. Woche nach Ostern 2026

	SONNE				MOND			
Datum	Bild	Zeichen	Aufg.	Unterg.	Bild	Aufg.	Unterg.	Position
1. Di.			6.49	20.11	Fische 10h Widder	21.33	11.49	
2. Mi.			6.50	20.09	Widder	22.00	13.10	
3. Do.			6.51	20.07	Widder 3h Stier	22.37	14.32	
4. Fr.			6.53	20.05	Stier	23.27	15.47	☾ 9.51
5. Sa.			6.54	20.03	Stier 16h Zwillinge	——	16.53	⌒ 8.08
6. So.			6.55	20.01	Zwillinge	0.33	17.43	Pg 22.34
7. Mo.			6.57	19.59	Zwillinge 15h Krebs	1.50	18.21	
8. Di.			6.58	19.57	Krebs	3.14	18.49	
9. Mi.			6.59	19.55	Krebs 3h Löwe	4.38	19.11	☋ 21.18
10. Do.			7.01	19.53	Löwe	5.59	19.29	
11. Fr.			7.02	19.50	Löwe 15h Jungfrau	7.17	19.46	● 5.26
12. Sa.			7.03	19.48	Jungfrau	8.33	20.03	
13. So.			7.04	19.46	Jungfrau	9.47	20.20	
14. Mo.	Löwe		7.06	19.44	Jungfrau	11.01	20.40	
15. Di.			7.07	19.42	Jungfrau 4h Waage	12.14	21.03	
16. Mi.			7.08	19.40	Waage 15h Skorpion	13.24	21.32	
17. Do.		Jungfrau	7.10	19.38	Skorpion	14.31	22.10	
18. Fr.			7.11	19.36	Skorpion	15.29	22.58	◡ 20.48 ☽ 22.43
19. Sa.			7.12	19.34	Skorpion 5h Schütze	16.18	23.55	Ag 5.00
20. So.			7.14	19.32	Schütze	16.56	——	
21. Mo.			7.15	19.30	Schütze 17h Steinbock	17.26	0.59	
22. Di.			7.16	19.28	Steinbock	17.50	2.09	
23. Mi.			7.18	19.26	Steinbock 24h Wasserm.	18.10	3.20	
24. Do.			7.19	19.24	Wassermann	18.27	4.32	☊ 4.40
25. Fr.			7.20	19.22	Wassermann 22h Fische	18.44	5.44	
26. Sa.			7.22	19.20	Fische	18.59	6.58	○ 18.49
27. So.			7.23	19.18	Fische	19.17	8.14	
28. Mo.	Jungfrau		7.24	19.16	Fische 16h Widder	19.37	9.33	
29. Di.		Waage	7.26	19.14	Widder	20.04	10.55	
30. Mi.			7.27	19.12	Widder 9h Stier	20.38	12.18	

Alle Zeitangaben = Sommerzeit

KONSTELLATION

sichtbar	unsichtbar	Bemerkungen / Feste
♃△♄^{24}		Jupiter und Saturn umspannen ein Drittel des Tierkreises.
	☾☌⛢^{23}	
☾☌♂^{21} 3°		
		Der Mond zieht an Mars vorbei.
☾☌♃^{21} 1°	☾☍♇^{1}	Der Mond wandert auf Jupiter zu.
		Mars verlässt den inneren Bereich der Zwillinge.
	☽☌☿^{6} ☽☍♆^{8} ☿△♇^{18}	☿☍♆^{19}
	☽☍♄^{1}	
☽☌♀^{14} 0.5°	☿△⛢^{5}	Die Mondsichel steht links neben Venus am Abendhimmel.
	♀□♇^{21}	
	☽☍⛢^{6}	
	☿☍♄^{12}	
	☽☍♂^{11}	
	☽☌♇^{2}	
	☽☍♃^{7}	Am 23. um 2.05 ist Herbstanfang.
	☉☍♆^{4} ☉△♇^{7} ☽☌♆^{18}	Neptun in Opposition zur Sonne.
☾☌♄^{19} 6°		Vollmond und Saturn stehen gemeinsam in den Fischen.
	☾☍☿^{12} ☉△⛢^{18}	
	☾☍♀^{7}	Michaeli

Sichtbarkeit der Planeten

abends:
Venus bis 26.

ganze Nacht:
Saturn

morgens:
Mars, Jupiter

Merkur
1.–7. ● Löwe
8.–30. ● Jungfrau

Venus
● Jungfrau

Mars
1.–24. ● Zwillinge
25.–30. ● Krebs

Jupiter
1.–27. ● Krebs
28.–30. ● Löwe

Saturn
● Fische
rückläufig

Uranus
● Stier
rückläufig ab 10.

Neptun
● Fische
rückläufig

● **Feuerzeichen/Frucht:** Widder, Löwe, Schütze

● **Erdzeichen/Wurzel:** Stier, Jungfrau, Steinb.

● **Luftzeichen/Blüte:** Zwill., Waage, Wasserm.

● **Wasserzeichen/Blatt:** Krebs, Skorpion, Fische

Der Sternenhimmel im September ca. 21 h 00 m

Die Abbildung gilt auch für

Mitte August	23^h
Mitte Juli	1^h
Mitte Mai	5^h

Angaben von April bis Oktober in Sommerzeit

SOMMERLICHE STREIFZÜGE VOM SCHWAN. Nahe am Zenit findet man den Schwan: Eine gerade Sternlinie und eine geschwungene kreuzen sich und erinnern tatsächlich an die Gestalt eine Vogels im Flug. Es gibt wenige Bilder, die so harmonisch und klar im Ausdruck sind wie der Schwan. Zwei Sterne verdienen in dem Bild besondere Beachtung: Am Schwanz ist der hellste Stern Deneb und am Kopf befindet sich Albireo, ein Doppelstern, bestehend aus einem roten und einem blauen Stern. Schon im kleinen Fernglas zeigt sich die doppelte Farbigkeit dieses Sterns.

Neben dem Kopfstern des Schwans, Albireo, sind drei markante kleine Sternbilder: Leier, Pfeil und Delfin. Von Albireo über Pfeil gelangt man zum Hauptstern des Adlers, Atair. Ähnlich wie der Schwan hat das Bild eine Symmetrieachse und erinnert so an einen Vogel im Flug. Geht man in die andere Richtung über Deneb, den Schwanzstern, so kommt man zu Cepheus. Bei guter Sicht sieht man, dass all diese Bilder im Band der Milchstraße liegen. Folgt man dem Band weiter, so kommt man zu Cassiopeia, dem charakteristischen ‹W›. Dieses Bild zeigt etwas Typisches von Sternbildern: Die Winkel der Zickzacklinie haben in sich eine Dynamik: Bei Perseus beginnt Cassiopeia mit einem weiten, stumpfen Winkel, dann folgt ein rechter Winkel und schließlich ein spitzer Winkel. So ewig und unveränderlich die Sternbilder sind, so zeigen sie in solch einer Dynamik der Winkel ihre innere Bewegung.

Oktober 2026

AM RAND DER SICHTBARKEIT IST URANUS. Mit einer Helligkeit von 6.0 Magnitudo ist er bei völliger Nacht und keinem Streulicht gerade mit bloßem Auge zu sehen. Als türkiser Schimmer sieht man jetzt den fernen Planeten zwischen Plejaden und Aldebaran. Mit einem Fernglas ist er natürlich deutlicher zu erkennen. Auch zeitlich ist Uranus ein Grenzplanet. Mit 84 Jahren Umlaufszeit – das bedeutet, dass er sich durchschnittlich sieben Jahre in einem Tierkreisbild aufhält – markiert er die Grenze eines menschlichen Lebens.

Oktober, Osten, abends

Uranus zieht rückläufig zwischen Plejaden und Aldebaran durch den Stier.

BLAU ist im Planetensystem die Farbe der Erde, das haben eindrucksvoll die Astronauten beschrieben, wenn sie vom Mond die Erde sahen. Die ersten Bilder der fernen Planeten Uranus und Neptun von der Sonde Voyager vermittelten den falschen Eindruck, dass auch diese Planeten ‹blau› seien. Tatsächlich ist ihre Farbe ein zartes Blaugrün durch Methaneis. Tatsächlich blau, durch das Wasser, ist nur die Erde.

Süden, morgens

Mars im Krebs strebt auf Jupiter zu und befindet sich zur Monatsmitte bei Praesepe.

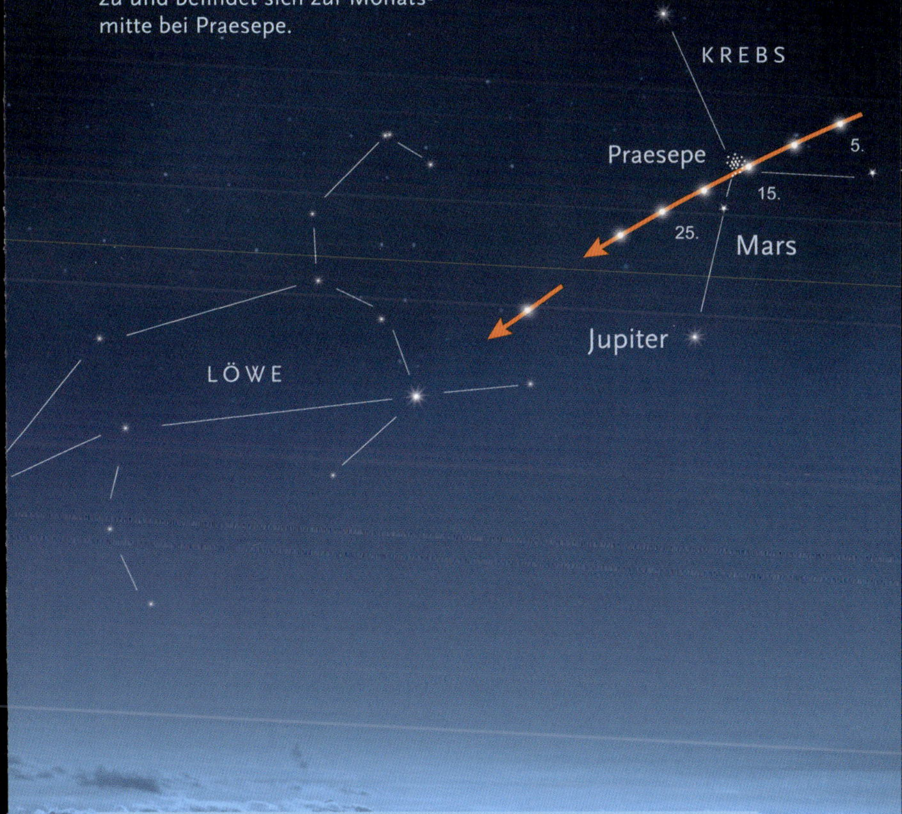

MARS AUF DEM WEG ZU JUPITER

Vor der Sonnenfinsternis wandert Venus durch den Löwen, jetzt schicken sich Jupiter und Mars an, durch das markante Tierkreisbild zu ziehen. Mars eilt durch den Krebs auf Jupiter zu und steht dabei zur Monatsmitte bei dem Sternhaufen Praesepe – ein geheimnisvoller Ort der Verdichtung. Denn aus drei Richtungen sammelt sich zu diesem Zentrum eine Bewegung im Krebs.

Wanderung von Mond und Planeten

☉ *Sonne*

Der Oktober zählt zu den wolkenärmsten Monaten. Die sonnigen Tage sind häufig ein letztes Echo des Sommers.

☾ *Mond*

Am 5. Oktober steht der Halbmond bei Mars im Krebs und einen Tag später sehr eng bei Jupiter. Als zunehmender Mond durchwandert er den planetenfreien Abendhimmel und trifft am 24. auf Saturn.

☿ *Merkur*

bleibt im Oktober unsichtbar. Die Begegnung mit Venus am 7. Oktober ist ebenfalls nicht sichtbar.

♀ *Venus*

steht am 24. Oktober in unterer Konjunktion mit der Sonne und wird dann Ende des Monats am Morgenhimmel am südwestlichen Horizont sichtbar.

♂ *Mars*

geht gegen 1 Uhr im Krebs im Nordosten auf. Am 5. steht der Halbmond malerisch bei Mars. Am 10. zieht Mars durch Präsepe, den Sternhaufen im Zentrum des Krebs. Der rote Planet wandert nun eindrucksvoll auf Jupiter zu. Am Monatsanfang ist die Distanz noch 18°, am Monatsende sind es nur noch 6°.

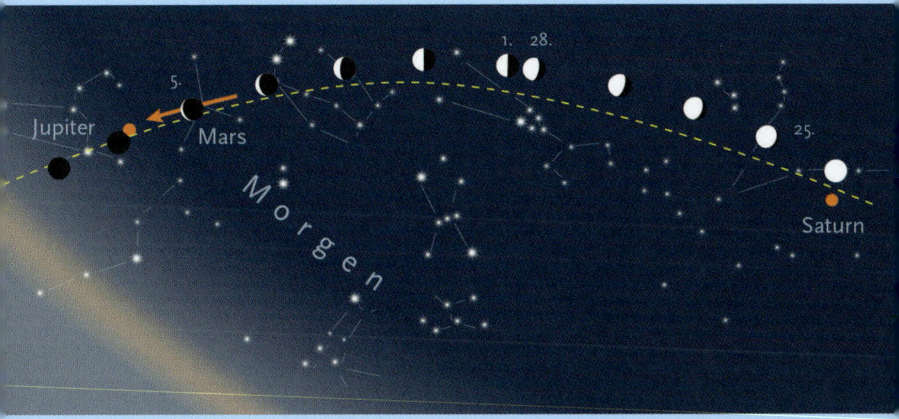

Löwe Krebs Zwillinge Stier Widder Fische

♃ *Jupiter*

hebt sich zur Monatsmitte bald nach dem Planeten Mars gegen 2 Uhr über den nordwestlichen Horizont und wandert auf Regulus, Haupstern des Löwen, zu. 11° ist der Abstand am Monatsanfang zu dem Herzstern und 6° sind es am Monatsende. Dann stehen Regulus, Jupiter und Mars in einer eindrucksvollen gleichmäßigen Reihe.

♄ *Saturn*

ist die ganze Nacht rückläufig in den Fischen zu sehen und steht am 4. Oktober in Opposition zur Sonne. Sobald die Dämmerung etwas fortgeschritten ist, findet man Saturn im Osten. Am 24. Oktober wandert der Vollmond an Saturn vorbei. Zwölf Vollmonddurchmesser trennen beide Wandler voneinander, denn der Mond befindet sich in dieser Tierkreisregion oberhalb der Ekliptik, während Saturn weit unterhab der Tierkreislinie läuft. Der Abstand von Saturn zum fernen Neptun hat sich auf 7° vergrößert.

OSTEN: ORIONIDEN

In der Nacht vom 21. zum 22. Oktober sind die meisten Sternschnuppen im Monat zu erwarten. Der Meteorstrom der ‹Orioniden› erreicht die Erde mit bis zu 25 Meteoren pro Stunde. Ursprung ist der Halleysche Komet. Der Vollmond erschwert die Sicht.

Oktober 2026

22. – 26. Woche nach Ostern 2026

	SONNE				MOND			
Datum	**Bild**	**Zeichen**	**Aufg.**	**Unterg.**	**Bild**	**Aufg.**	**Unterg.**	**Position**
1. Do.	Jungfrau	Waage	7.29	19.10	Stier	21.24	13.37	Pg 23.00
2. Fr.	Jungfrau	Waage	7.30	19.08	Stier 22h Zwillinge	22.25	14.47	⋒ 13.27
3. Sa.	Jungfrau	Waage	7.31	19.06	Zwillinge	23.39	15.41	☾ 15.25
4. So.	Jungfrau	Waage	7.33	19.04	Zwillinge 21h Krebs	—	16.22	
5. Mo.	Jungfrau	Waage	7.34	19.02	Krebs	0.59	16.52	
6. Di.	Jungfrau	Waage	7.36	19.00	Krebs 10h Löwe	2.21	17.15	
7. Mi.	Jungfrau	Waage	7.37	18.58	Löwe	3.41	17.35	☋ 3.20
8. Do.	Jungfrau	Waage	7.38	18.56	Löwe 23h Jungfrau	4.59	17.52	
9. Fr.	Jungfrau	Waage	7.40	18.54	Jungfrau	6.14	18.08	
10. Sa.	Jungfrau	Waage	7.41	18.52	Jungfrau	7.27	18.25	● 17.49
11. So.	Jungfrau	Waage	7.43	18.50	Jungfrau	8.41	18.43	
12. Mo.	Jungfrau	Waage	7.44	18.48	Jungfrau 12h Waage	9.54	19.05	
13. Di.	Jungfrau	Waage	7.45	18.46	Waage 23h Skorpion	11.06	19.32	
14. Mi.	Jungfrau	Waage	7.47	18.44	Skorpion	12.15	20.07	
15. Do.	Jungfrau	Waage	7.48	18.43	Skorpion	13.17	20.51	
16. Fr.	Jungfrau	Waage	7.50	18.41	Skorpion 13h Schütze	14.10	21.44	⋓ 4.38
17. Sa.	Jungfrau	Waage	7.51	18.39	Schütze	14.52	22.45	Ag 0.59
18. So.	Jungfrau	Waage	7.53	18.37	Schütze	15.25	23.52	☽ 18.12
19. Mo.	Jungfrau	Waage	7.54	18.35	Schütze 1h Steinbock	15.51	—	
20. Di.	Jungfrau	Waage	7.56	18.33	Steinbock	16.13	1.01	
21. Mi.	Jungfrau	Waage	7.57	18.32	Steinbock 8h Wasserm.	16.31	2.12	☊ 10.53
22. Do.	Jungfrau		7.59	18.30	Wassermann	16.47	3.23	
23. Fr.	Jungfrau	Skorpion	8.00	18.28	Wassermann 7h Fische	17.03	4.36	
24. Sa.	Jungfrau	Skorpion	8.02	18.26	Fische	17.20	5.50	
25. So.	Jungfrau	Skorpion	7.03	17.25	Fische	16.40	6.08	
26. Mo.	Jungfrau	Skorpion	7.05	17.23	Fische 0h Widder	17.04	7.31	○ 5.12
27. Di.	Jungfrau	Skorpion	7.06	17.21	Widder 16h Stier	17.36	8.56	
28. Mi.	Jungfrau	Skorpion	7.08	17.20	Stier	18.19	10.19	Pg 19.14
29. Do.	Jungfrau	Skorpion	7.09	17.18	Stier	19.17	11.35	⋒ 18.31
30. Fr.	Jungfrau	Skorpion	7.11	17.16	Stier 3h Zwillinge	20.28	12.36	
31. Sa.	Jungfrau	Skorpion	7.12	17.15	Zwillinge	21.49	13.22	

Alle Zeitangaben bis 26. = Sommerzeit

KONSTELLATION

sichtbar	unsichtbar	Bemerkungen / Feste
	☾☌⛢^{5}	
	☿□♂^{11} ☿□♇^{23}	
	♂△♆^{1} ♂☍♇^{13}	
	☉☍♄^{14}	Saturn steht in Oppostion zur Sonne.
☾☌♂^{8} 1°	☾☍♇^{6}	Der Halbmond zieht an Mars vorbei.
☾☌♃^{8} 0.2°		Der Halbmond erreicht Jupiter in einer engen Konjunktion.
	☿☌♀^{2}	
	☾☍♆^{15}	
	☾☍♄^{6} ♀□♂^{24}	
		Mars wandert durch den Sternhaufen Praesepe.
	☽☌♀^{6} ☽☌☿^{21}	
	☽☍⛢^{13}	
♂△♄^{11}		Mars und Saturn spannen ein Drittel des Tierkreises auf.
	☽☌♇^{10}	
	☽☍♂^{4} ♀□♇^{9}	
	☽☍♃^{1}	Maximum der Orioniden.
☾☌♄^{15} 6°	☽☌♆^{2} ☉☌♀^{6}	Der Mond zieht weit oberhalb an Saturn vorbei. Venus vor der Sonne.
		Ende der Sommerzeit
	☽☍♄^{0} ☉□♇^{13}	Mars, Jupiter und Regulus stehen in gleichem Abstand zueinander.
	☾☍☿^{10}	
	☾☌⛢^{10}	
	☿□♂^{18}	

Sichtbarkeit der Planeten

ganze Nacht:
Saturn

morgens:
Venus ab 30., Mars, Jupiter

Merkur
1.–8. ● Jungfrau
9.–31. ● Waage
rückläufig ab 24.

Venus
● Jungfrau
rückläufig ab 3.

Mars
● Krebs

Jupiter
● Löwe

Saturn
● Fische
rückläufig

Uranus
● Stier
rückläufig

Neptun
● Fische
rückläufig

● **Feuerzeichen/Frucht:** Widder, Löwe, Schütze

● **Erdzeichen/Wurzel:** Stier, Jungfrau, Steinb.

● **Luftzeichen/Blüte:** Zwill., Waage, Wasserm.

● **Wasserzeichen/Blatt:** Krebs, Skorpion, Fische

November 2026

EINE FRAGE DES HERZENES. Im Juli wanderte Venus durch den Löwen, jetzt sind es Mars und Jupiter. Dabei kommt es zu großartigen Konjunktionen mit Regulus, dem Herzstern des Löwen. Die Begegnung des Planeten der Erkenntnis, Jupiter, und des Planeten des Willens, Mars, an diesem diesem besonderen Tierkreisort ist ein wunderbares Bild! Es erinnert daran, dass es die Kraft des Herzens ist, Haupt und Hand, Erkenntnis und Wille zu vereinen. So wie es hier am Nachthimmel geschieht, so kann es in der Seele sich ereignen, wenn sowohl Erkenntnis als auch Wille sich dem Herzen zuwenden.

Zwei Momente

Links: Am 23. bilden Regulus, Mars und Jupiter ein Dreieck. Rechts: Am 30. stellt sich der Halbmond dazu.

Ein Fest im Löwen

Im November zieht Mars im Löwen an Jupiter vorbei. Eine großartige Konjunktion bei Regulus.

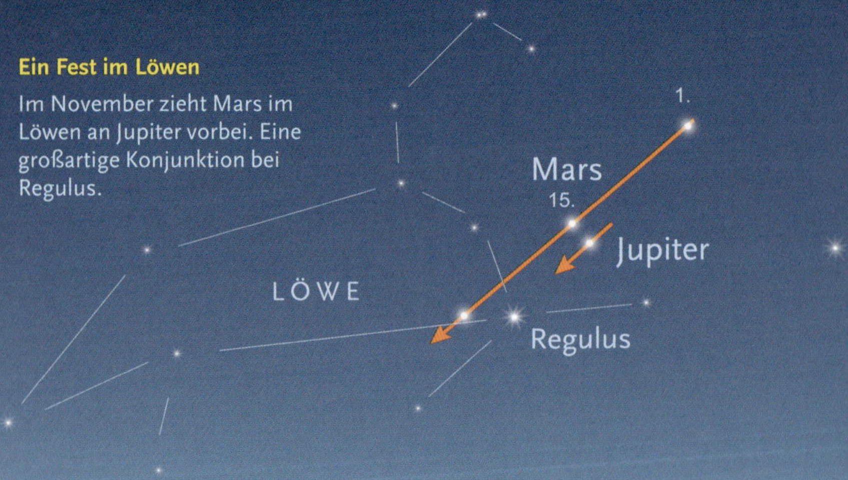

Venus wandert um Spica

Am 11. November endet Venus ihre Rückläufigkeit. Bezogen auf den Sternenhimmel führt es dazu, dass sie ‹um› Spica herum läuft.

Südosten, Morgenhimmel

Als Morgenstern stürmt Venus im November empor und wandert dann im neuen Jahr langsam wieder zum Horizont zurück.

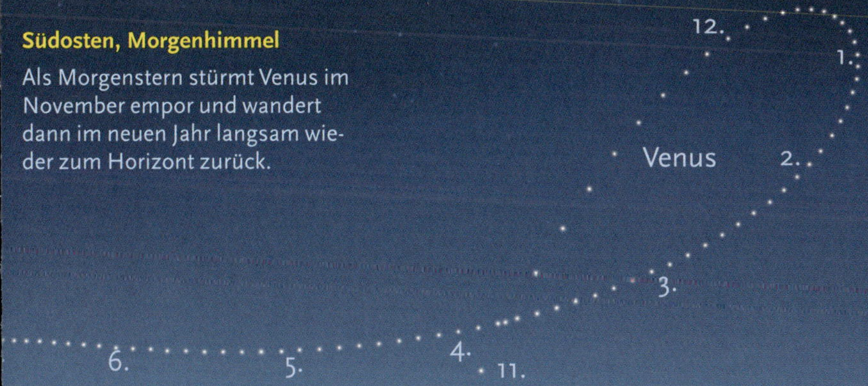

WIE EIN WEIHNACHTSSTERN

Anfang November beginnt Venus ihren Lauf am Morgenhimmel. Innerhalb weniger Wochen erreicht sie zur Weihnachtszeit ihre höchste Stellung von 30° über dem Horizont. Wie ein Weihnachtsstern kündigt ihr stürmischer Aufstieg so das heilige Fest an. Ähnlich eindrucksvoll wie der schnelle Aufstieg ist dann ihre Wanderung von April bis Juli parallel zum Horizont. So vereinigt diese Sichtbarkeitsperiode von Venus die Pole: Befreiung von der Erde und Treue zur Erde.

Wanderung von Mond und Planeten

☉ *Sonne*

Ihr Abstieg verlangsamt sich im November deutlich. Nimmt am Monatsanfang die Helligkeit täglich um vier Minuten ab, so sind es am Monatsende nur noch 1,4 Minuten.

☾ *Mond*

Der November beginnt mit einer malerischen Konjunktion des Mondes mit Spica und Venus am südöstlichen Horizont am 7. November. Am 20. November begegnet der Erdtrabant wieder Saturn in den Fischen. Am letzten Novembertag steht dann die Mondsichel grandios in der Versammlung von Mars, Jupiter und Regulus. Das ist sicher eine der schönsten Konstellationen des Jahres.

☿ *Merkur*

ist nach seiner Konjunktion mit der Sonne am 4. ab dem 10. November über dem südöstlichen Horizont zu finden. (Abbildung dazu auf der Dezember-Seite) Seine höchste Stellung erreicht er zehn Tage später. Dann ist es gut möglich, den Planeten im Dämmerlicht zu entdecken. Venus hilft ihn zu finden, denn sie steht rechts oberhalb von Merkur.

♀ *Venus*

Ab Monatsanfang ist Venus im Südosten zu sehen. Dort steigt sie rasant am Morgenhimmel empor und geht Ende des Monats bereits kurz nach 4 Uhr auf. Dabei geschieht etwas ganz eigentümliches: Das Ende der Rückläufigkeit am 11. November führt dazu, dass Venus den ganzen Monat über um Spica kreist. Wie ein Tanz bewegt sie sich um den Hauptstern der Jungfrau, die Ähre.

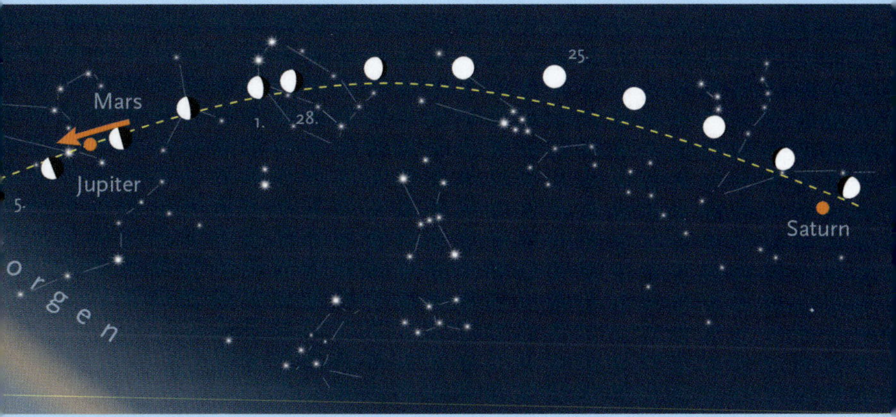

♂ *Mars*

geht kurz vor Mitternacht im Tierkreisbild Löwe auf. Mit Jupiter und Regulus liefert er einen eindrucksvollen Dreiklang. Mit seinem Einzug in den Löwen setzt der rote Planet zu seiner eindrucksvollen Schleifenbewegung im Löwen an.

♃ *Jupiter*

steht mit Mars unweit von Regulus, dem Herzstern des Löwen. Er steigt kurz vor Mitternacht über den Horizont.

♄ *Saturn*

ist ein Planet der ersten Nachthälfte. Die zarte Lichtgestalt der Fische fügt sich gut zum milden Glanz von Saturn.

⛢ *Uranus*

steht am 25. der Sonne gegenüber und damit in größter Erdnähe. Unter besten Bedingungen und gutem Auge ist es möglich, den türkisen Planeten mit bloßem Auge zu sehen.

STERNSCHNUPPEN: LEONIDEN
Im November, ab der zweiten Woche, erscheinen die Leoniden. Mit einem Maximum in der Nacht vom 17. auf den 18. kommen die Sternschnuppen aus Richtung des Löwen. Der genaue Quellpunkt liegt in der Mitte des Halbbogens, den der Kopf des Löwens beschreibt. Der Leonidenstrom hat in den letzten Jahrzehnten Intensität verloren, sodass nur ein schwaches Maximum zu erwarten ist.

November 2026

27. – 31. Woche nach Ostern 2026

	SONNE				MOND			
Datum	Bild	Zeichen	Aufg.	Unterg.	Bild	Aufg.	Unterg.	Position
1. So.			7.14	17.13	● Zwillinge 2h ● Krebs	23.11	13.56	☾ 21.28
2. Mo.			7.15	17.12	● Krebs 14h ● Löwe	—	14.20	
3. Di.			7.17	17.10	● Löwe	0.31	14.41	☋ 4.03
4. Mi.			7.18	17.08	● Löwe	1.48	14.58	
5. Do.			7.20	17.07	● Löwe 4h ● Jungfrau	3.02	15.14	
6. Fr.			7.21	17.06	● Jungfrau	4.14	15.31	
7. Sa.			7.23	17.04	● Jungfrau	5.27	15.48	
8. So.			7.24	17.03	● Jungfrau 19h ● Waage	6.38	16.09	
9. Mo.			7.26	17.01	● Waage	7.51	16.34	● 8.01
10. Di.			7.27	17.00	● Waage 5h ● Skorpion	9.00	17.06	
11. Mi.			7.29	16.59	● Skorpion	10.05	17.46	
12. Do.			7.30	16.58	● Skorpion 19h ● Schütze	11.01	18.35	◡ 10.31
13. Fr.			7.32	16.56	● Schütze	11.48	19.35	Ag 18.58
14. Sa.			7.33	16.55	● Schütze	12.24	20.39	
15. So.			7.35	16.54	● Schütze 8h ● Steinbock	12.52	21.47	
16. Mo.			7.36	16.53	● Steinbock	13.15	22.55	
17. Di.	Waage		7.38	16.52	● Steinbock 16h ● Wasserm.	13.34	—	☽ 12.47 ☊ 12.49
18. Mi.		Skorpion	7.39	16.51	● Wassermann	13.51	0.04	
19. Do.			7.41	16.50	● Wassermann 16h ● Fische	14.06	1.15	
20. Fr.			7.42	16.49	● Fische	14.22	2.26	
21. Sa.			7.44	16.48	● Fische	14.41	3.41	
22. So.			7.45	16.47	● Fische 11h ● Widder	15.02	5.00	
23. Mo.			7.46	16.46	● Widder	15.31	6.23	
24. Di.			7.48	16.45	● Widder 2h ● Stier	16.08	7.50	○ 15.54
25. Mi.			7.49	16.45	● Stier	17.01	9.12	Pg 22.08
26. Do.			7.50	16.44	● Stier 12h ● Zwillinge	18.09	10.22	⌒ 2.55
27. Fr.			7.52	16.43	● Zwillinge	19.30	11.16	
28. Sa.	Skorpion	Schütze	7.53	16.42	● Zwillinge 9h ● Krebs	20.55	11.55	
29. So.			7.54	16.42	● Krebs 20h ● Löwe	22.18	12.23	
30. Mo.			7.56	16.41	● Löwe	23.38	12.46	☋ 4.34

KONSTELLATION

sichtbar	unsichtbar	Bemerkungen / Feste
	☾☍♇^{11}	
☾☌♂^{15} 1°		Versammlung von Mond, Mars und Jupiter und Regulus.
☾☌☿^{15}		Jetzt steht der Mond bei Regulus.
	☉☌☿^{15}	Merkur in Konjunktion mit der Sonne.
	☾☍♆^{19}	
	☾☍♄^{8}	
☾☌♀^{12} 1°		Mond und Venus stehen eng beisammen am Horizont.
	☾☌☿^{14}	
	☽☍⛢^{18}	
	☽☌♇^{17}	
♂☌♃^{7} 1°		Großartige Konjunktion von Mars und Jupiter bei Regulus
	☽☍♃^{14} ☽☍♂^{15}	Maximum der Leoniden.
	☉□♃^{11}	
	☉□♂^{19}	
☽☌♄^{22} 6°	☽☌♆^{10}	Mars zwischen Regulus und Jupiter. Mond bei Saturn.
	☽☍♀^{1}	Venus zieht an Spica vorbei.
	☽☍☿^{6}	
	☉△♆^{1} ☾☌⛢^{18}	
	☉☍⛢^{24}	Uranus steht in Opposition zur Sonne.
		Mars erreicht den Hauptstern des Löwen, Regulus.
	☾☍♇^{18}	
	⛢△♇^{12}	1. Advent
☾☌♃^{10} 1° ☾☌♂^{18} 3°	☉△♄^{7}	Mond, Jupiter, Mars und Regulus bilden eindrucksvollen Vierklang.

Sichtbarkeit der Planeten

abends:
Saturn

morgens:
Merkur ab 10., Venus, Mars, Jupiter

Merkur
1.–6. ● Waage
7.–21. ● Jungfrau
22.–30. ● Waage
rückläufig bis 14.

Venus
● Jungfrau
rückläufig bis 11.

Mars
1. ● Krebs
2.–30. ● Löwe

Jupiter
● Löwe

Saturn
● Fische
rückläufig

Uranus
● Stier
rückläufig

Neptun
● Fische – rückläufig

● **Feuerzeichen/Frucht:** Widder, Löwe, Schütze

● **Erdzeichen/Wurzel:** Stier, Jungfrau, Steinb.

● **Luftzeichen/Blüte:** Zwill., Waage, Wasserm.

● **Wasserzeichen/Blatt:** Krebs, Skorpion, Fische

Dezember 2026

MARS IM LÖWEN. An acht Stationen im Tierkreis vollzieht der Mars im Rhythmus von 15 Jahren seine Schleifen. Eine davon liegt im Löwen. Dieses Mal geschieht die Schleife bei Regulus. Dadurch ergeben sich großartige Konjunktionen mit dem Königsstern, zu denen sich außerdem noch Jupiter stellt. Durch Regulus bekommt die Löwe-Schleife Herzkraft, durch Jupiter ist die Erkenntnis vertreten. Damit sind Denken, Fühlen und Wollen in dieser besonderen Marsschleife vereinigt.

Süden, Mitternacht

Über ein halbes Jahr hält sich Mars im Löwen auf – was für ein Bild von Mut und Herzkraft!

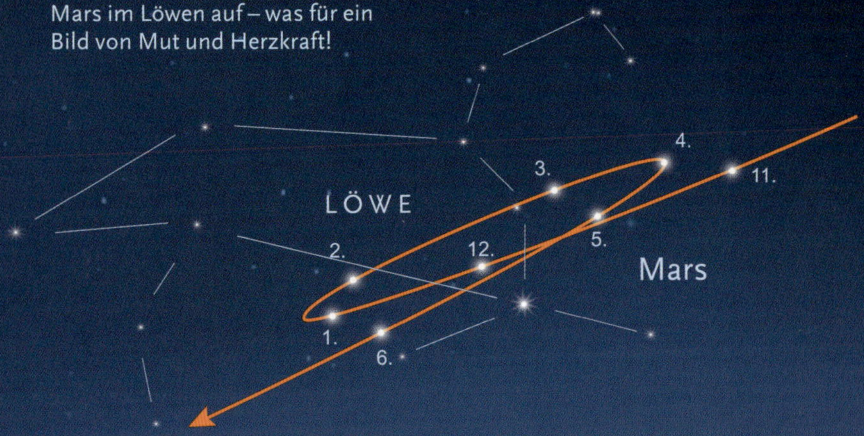

WILLE UND ERKENNTNIS. Mars und Jupiter stehen im Löwen zusammen. Die Konstellation lenkt den Blick auf die Frage, wie Wille und Erkenntnis sich vereinen. So mag diese Konjunktion inspirieren, das tagtägliche Problem dieser Gegensätze zu meistern: Licht in den Willen zu bekommen und Kraft in das Denken. Die Konjunktion von Mars und Jupter geschieht im Löwen, so ist dieses Tierkreisbild zugleich eine Antwort darauf, wie es gelingt, diese Gegensätze der Seele zu vereinen: durch das Gefühl, das Herz.

MERKUR AM MORGENHIMMEL
Im November und Dezember hebt sich Merkur über den morgendlichen Horizont und ist dann im Dämmerlicht zu finden. Auch in der ersten Dezemberwoche ist es es noch möglich, den sonnennächsten Planeten im Südosten zu sehen.

Südosten, morgens

Merkur ist vom 10. November bis 8. Dezember am Morgenhimmel zu finden.

Wanderung von Mond und Planeten

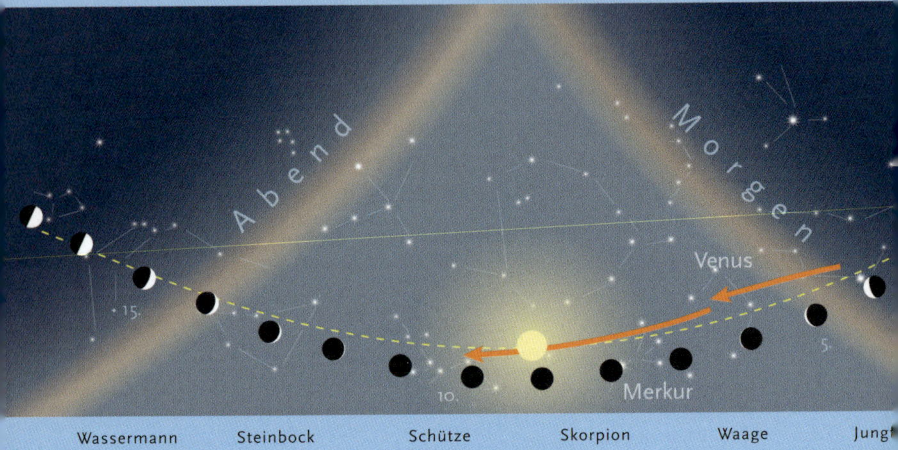

⊙ *Sonne*

Die Wintersonnenwende ist am 21. Dezember um 21.50 Uhr. Nun steigen die Sonnenbögen wieder.

☾ *Mond*

Dieses Jahr ist der Dezembervollmond am Heiligabend. Das ist nur drei Tage von der Wintesonnenwende entfernt. Deshalb ist es ein besonders hoher Vollmond, der dann die Weihnacht bestimmt. Am 4. Dezember stehen Venus, Spica und Mondsichel in einer Reihe. Eine malerische Konstellation! Am 28. Dezember zieht der Halbmond an der Versammlung von Mars, Jupiter und Regulus vorbei. Die Vereinigung von Denken, Fühlen und Wollen – eine Weihnachtskonstellation!

☿ *Merkur*

ist am Morgenhimmel im Südosten noch bis zum 8. Dezember zu sehen. Am 7. steht die Mondsichel rechts von Merkur und könnte helfen, den Planeten zu entdecken.

♀ *Venus*

ist morgens im Südosten zu finden. Sie verlässt die Jungfrau und wandert in die Waage

STERNSCHNUPPEN: GEMINIDEN

Vom 6. bis 17. mit Maximum vom 12. auf den 13. kommen Sternschnuppen aus den Zwillingen. Nach den Perseiden ist es der aktivste Strom im Jahreslauf mit Fallraten bis zu 100 Schnuppen pro Stunde. Die mondlose Nacht bietet gute Beobachtungsmöglichkeiten.

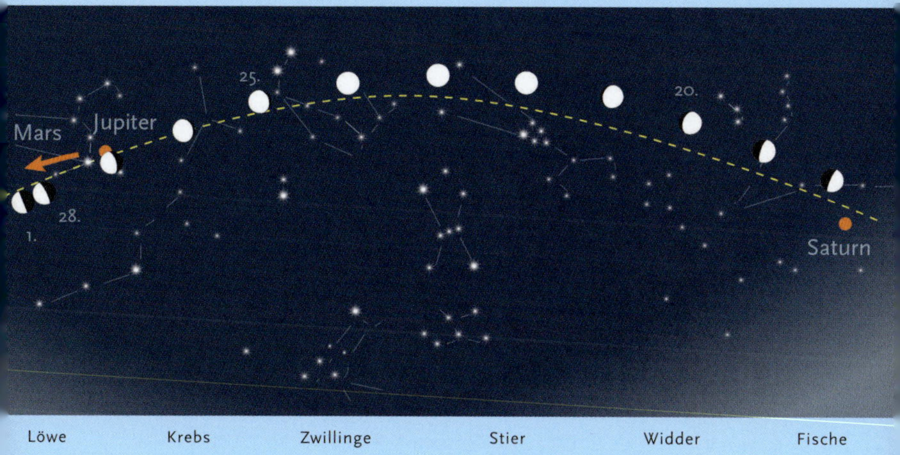

setzt zu seiner eindrucksvollen Schleife im Löwen an. In den Weihnachtstagen steht er mit Jupiter, Regulus und dem Mond zusammen im Löwen. Eine herausragende Konstellation. Mars ist jetzt die ganze Nacht zu sehen.

♃ *Jupiter*

wandert nahe an Regulus im Löwen heran. Doch bevor er den Herzstern des Löwen erreicht, wird der Planet am 13. rückläufig. Jupiter und Mars vollziehen somit ihre Schleife im Löwen. Wie Mars ist auch Jupiter die ganze Nacht zu sehen: abends im Osten, dann zur Nacht im Süden und am Morgen im Westen.

♄ *Saturn*

geht zur Monatsmitte gegen 1 Uhr unter und führt abends aus den Fischen in die Nachtzeit. Zwischen Saturn und der markanten quadratischen Gestalt Pegasus sieht man das zarte Sternenband der Fische.

STERNSCHNUPPEN: URSIDEN
Vom 17. bis 26. Dezember mit Maximum vom 22. auf den 23. kommen Sternschnuppen aus der Richtung des Kleinen Wagens. Während die Geminiden aus dem Zenit zu kommen scheinen, leuchten die Ursiden aus dem Norden auf. Der Vollmond erschwert die Beobachtung.

Dezember 2026

31. – 35. Woche nach Ostern 2026

	SONNE				MOND			
Datum	Bild	Zeichen	Aufg.	Unterg.	Bild	Aufg.	Unterg.	Position
1. Di.	Skorpion	Schütze	7.57	16.41	● Löwe	—	13.04	☾ 7.09
2. Mi.	Skorpion	Schütze	7.58	16.40	● Löwe 10h ● Jungfrau	0.53	13.21	
3. Do.	Skorpion	Schütze	7.59	16.40	● Jungfrau	2.06	13.37	
4. Fr.	Skorpion	Schütze	8.00	16.40	● Jungfrau	3.17	13.54	
5. Sa.	Skorpion	Schütze	8.01	16.39	● Jungfrau	4.28	14.13	
6. So.	Skorpion	Schütze	8.02	16.39	● Jungfrau 1h ● Waage	5.40	14.37	
7. Mo.	Skorpion	Schütze	8.04	16.39	● Waage 12h ● Skorpion	6.49	15.06	
8. Di.	Skorpion	Schütze	8.05	16.39	● Skorpion	7.56	15.44	
9. Mi.	Skorpion	Schütze	8.06	16.39	● Skorpion	8.55	16.30	● 1.51 ◡ 16.19
10. Do.	Skorpion	Schütze	8.07	16.39	● Skorpion 2h ● Schütze	9.44	17.26	
11. Fr.	Skorpion	Schütze	8.07	16.39	● Schütze	0.23	18.29	Ag 7.59
12. Sa.	Skorpion	Schütze	8.08	16.39	● Schütze 15h ● Steinbock	0.54	19.36	
13. So.	Skorpion	Schütze	8.09	16.39	● Steinbock	1.19	20.44	
14. Mo.	Skorpion	Schütze	8.10	16.39	● Steinbock 23h ● Wasserm.	1.38	21.52	☊ 14.03
15. Di.	Skorpion	Schütze	8.11	16.39	● Wassermann	1.55	23.00	
16. Mi.	Skorpion	Schütze	8.12	16.39	● Wassermann	2.11	—	
17. Do.	Skorpion	Schütze	8.12	16.39	● Wassermann 0h ● Fische	2.26	0.08	☽ 6.42
18. Fr.	Skorpion	Schütze	8.13	16.40	● Fische	2.42	1.20	
19. Sa.		Schütze	8.14	16.40	● Fische 21h ● Widder	3.02	2.34	
20. So.		Schütze	8.14	16.41	● Widder	3.26	3.53	
21. Mo.			8.15	16.41	● Widder 13h ● Stier	3.57	5.16	
22. Di.	Schütze	Steinbock	8.15	16.42	● Stier	4.41	6.40	
23. Mi.	Schütze	Steinbock	8.16	16.42	● Stier 23h ● Zwillinge	5.42	7.57	⌓ 13.26
24. Do.	Schütze	Steinbock	8.16	16.43	● Zwillinge	6.59	9.01	○ 2.28 Pg 9.38
25. Fr.	Schütze	Steinbock	8.16	16.43	● Zwillinge 19h ● Krebs	8.25	9.48	
26. Sa.	Schütze	Steinbock	8.17	16.44	● Krebs	9.54	10.22	
27. So.	Schütze	Steinbock	8.17	16.45	● Krebs 5h ● Löwe	1.18	10.48	☋ 8.56
28. Mo.	Schütze	Steinbock	8.17	16.46	● Löwe	2.38	11.08	
29. Di.	Schütze	Steinbock	8.17	16.46	● Löwe 16h ● Jungfrau	3.54	11.26	
30. Mi.	Schütze	Steinbock	8.18	16.47	● Jungfrau	—	11.43	☾ 19.59
31. Do.	Schütze	Steinbock	8.18	16.48	● Jungfrau	1.08	12.00	

KONSTELLATION

sichtbar	unsichtbar	Bemerkungen / Feste
	☾☍♆^{24}	
	☾☍♄^{12}	
☿□♃^{8}	♂□♅^{20}	Mond, Venus und Spica stehen in einer engen Reihe.
☾☌♀^{7} 6°		
		2. Advent
☾☌☿^{20}	☿△♆^{11} ☾☌♅^{22}	
	☿☍♅^{11}	
☿□♂^{15}	♀□♇^{20}	
☿△♄^{14}		
	☽☌♇^{1}	3. Advent, Maximum Geminiden
	☽☍♃^{24}	
	☽☍♂^{19}	
	☽☌♆^{19}	
☽☌♄^{6} 6°	☉△♃^{22}	Der Mond zieht oberhalb von Saturn entlang.
	☽☍♀^{19}	4. Advent
		Winteranfang 21.50 Uhr
	☽☌♅^{4}	Maximum Ursiden
	☉□♆^{13} ☽☍☿^{18} ☿△♃^{19}	
		Heiligabend
		1. Weihachtsfeiertag
	☾☍♇^{5} ☿□♆^{21}	2. Weihnachtsfeiertag
☾☌♃^{18} 1°		Mond, Jupiter, Mars und Regulus bilden eine Reihe.
☾☌♂^{15} 5°		
	☉□♄^{24}	
	☾☍♆^{7} ☾☍♄^{19}	
	☿□♄^{1} ☉△♂^{13}	Silvester

Sichtbarkeit der Planeten

abends:
Saturn

ganze Nacht
Mars, Jupiter

morgens:
Merkur bis 10.
Venus

Merkur
1.–5. ● Waage
6.–24. ● Skorpion
25.–31. ● Schütze

Venus
1.–17. ● Jungfrau
18.–31. ● Waage

Mars
● Löwe

Jupiter
● Löwe
rückläufig ab 13.

Saturn
● Fische
rückläufig bis 11.

Uranus
● Stier
rückläufig

Neptun
● Fische
rückäufig bis 12.

● **Feuerzeichen/Frucht:**
Widder, Löwe, Schütze

● **Erdzeichen/Wurzel:**
Stier, Jungfrau, Steinb.

● **Luftzeichen/Blüte:**
Zwill., Waage, Wasserm.

● **Wasserzeichen/Blatt:**
Krebs, Skorpion, Fische

Der Sternenhimmel
im Dezember ca. $17^h 30^m$

Die Abbildung gilt auch für

Mitte November	19^h
Mitte Oktober	22^h
Mitte September	0^h

Angaben von April bis Oktober in Sommerzeit

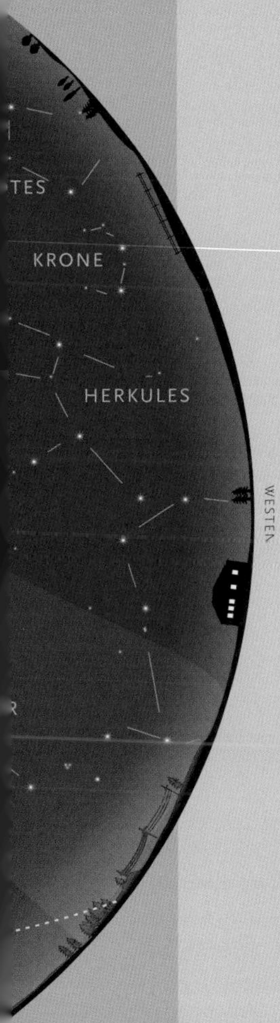

PEGASUS IST DER BEGINN. Im Winter dominiert die quadratische Gestalt des Pegasus den Nachthimmel. Vier Sterne spannen hoch im Süden ein nahezu vollkommenes Quadrat auf. Während die Sternlinien auf der rechten Seite zum Bild gehören, ist die Sternreihe oben links einem anderen Sternbild zugeordnet: Andromeda. Geht man hier zwei Sterne hinaus und dann zwei Sterne empor, so trifft man weiter rechts aufwärts auf die Andromedagalaxie. Bei guten Sichtbedingungen sieht man schon mit unbewaffnetem Auge hier einen Nebelfleck, der sich dann im Fernglas als Galaxie zeigt. Es ist das hellste Objekt am Nachthimmel, jenseits der Sterne und Sternhaufen unserer eigenen Galaxie.

Geht man von Pegasus horizontwärts, so gelangt man zu dem waagerechen Arm der Fische. Geht man noch weiter Richtung Landschaft, so findet man das Sternbild Walfisch. Das Sternbild ist nicht sehr markant, aber besitzt einen besonderen Stern: Mira. Er steht direkt bei der Spitze der Fische und ist ein Stern mit extrem veränderlicher Helligkeit. Seine Leuchtkraft schwankt im Rhythmus von 331 Tagen um das 1700-fache. In Zeiten seiner maximalen Helligkeit sticht Mira deutlich hervor, während im Minimum er zeitweise nur mit Teleskop zu sehen ist. Mira gab einer ganzen Klasse von Sternen ihren Namen und half dazu ein Entfernungsmaß für größere kosmische Distanzen zu finden. Mit Recht trägt der pulsierende Stern den Namen ‹Mira› = die Wunderliche. Diesen Namen gab der Astronom Johannes Hevelius 1662 schon dem rätselhaften Stern, weil er die Helligkeitsschwankung schon damals beobachtete.

Januar 2027

IM AUFGANG MÄCHTIG. Es gibt Tierkreisbilder wie die Jungfrau beispielsweise, die ihre Größe und Kraft dann zeigen, wenn sie frei am Himmel stehen. Anders der Löwe: Gerade dann, wenn man nur sein Haupt sieht und vielleicht die Vorderläufe des Bildes, zeigt es seine ganze Kraft und Dynamik. So ist es jetzt in den späteren Abendstunden. Dann steigt im Osten das Bild mit Mars und Jupiter auf. Am späten Abend des 23. steht dabei der volle Mond bei Jupiter und einen Tag später bei Mars. Tag für Tag ergeben sich neue Blicke auf das Bild, das dieses Jahr mit den beiden Planetenschlaufen von Mars und Jupiter seine Größe und Macht feiert.

Der Löwe im Aufgang

Der volle Mond besucht Mars und Jupiter im Löwen.

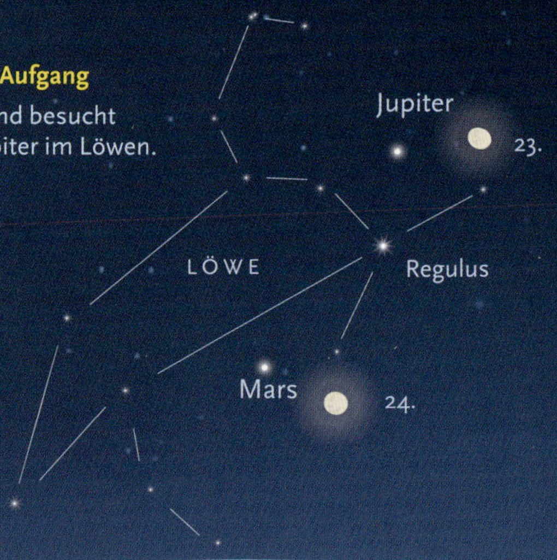

AUF GLEICHER HÖHE. Das Jahr 2027 eröffnet Venus mit einer malerischen Konstellation. Venus und Mondsichel stehen im Abstand von fast 30° auf gleicher Höhe am morgendlichen Horizont. Wie ist das möglich? Der Mond läuft unterhalb der Tierkreislinie und Venus oberhalb. Dadurch können beide Wandler auf gleicher Höhe sein, obwohl die eigentliche Konjunktion erst zwei Tage später stattfindet. Vielleicht ist das ein poetischer Hinweis des Sternenhimmels, sozial ganz ähnlich zu verfahren: immer Augenhöhe!

Süden, abends

Saturn wandert in den Fischen,
darüber das markante Bild Pegasus.

SATURN IN DEN FISCHEN

Die Fische sind das zarteste Tierkreisbild. Wie zwei weite Fühler strecken sich die beiden Sternenarme in den Umkreis. Dort läuft nun für drei Jahre Saturn und steigert so die Empfänglichkeit dieser Sternenregion.

Wanderung von Mond und Planeten

☉ *Sonne*

Am 3. Januar, 3.38 Uhr steht die Erde in größter Sonnennähe. Die Entfernung beträgt mit 147 104 593 km dieses Jahr 4699 Kilometer mehr als letztes Jahr. Was lässt wohl mehr staunen: die Tatsache, dass nach einem Weg um die Sonne von 470 Millionen Kilometer die Erde mit diesen feinen Schwankungen von ein paar Tausend Kilometern den Kreis wieder schließt? Oder dass die Instrumente der Himmelsmechanik so genau sind, dass sich auf wenige hundert Meter vorausberechnen lässt, wo die Erde in mehreren Jahren stehen wird?

☾ *Mond*

Am ersten Morgen des neuen Jahres steht Venus mit der Mondsichel auf gleicher Höhe aber einem Abstand von fast 30 Grad über der östlichen Landschaft. Das könnte ein Jahresmotiv sein: «Immer auf Höhe der Schönheit und Liebe». Mitte des Monats zieht der Mond dann an Saturn vorbei und erreicht am 23. und 24. Januar spät abends Mars und Jupiter im Löwen.

☿ *Merkur*

steht am 1. Januar hinter der Sonne und braucht dann 20 Tage, um sich aus ihrem Glanz zu befreien. Dann findet man den Planeten am südwestlichen Horizont, wobei er nur eine geringe Höhe erreicht und deshalb nur bei freier Sicht zu fassen ist. Die höchste Stellung erreicht Merkur am 5. Februar.

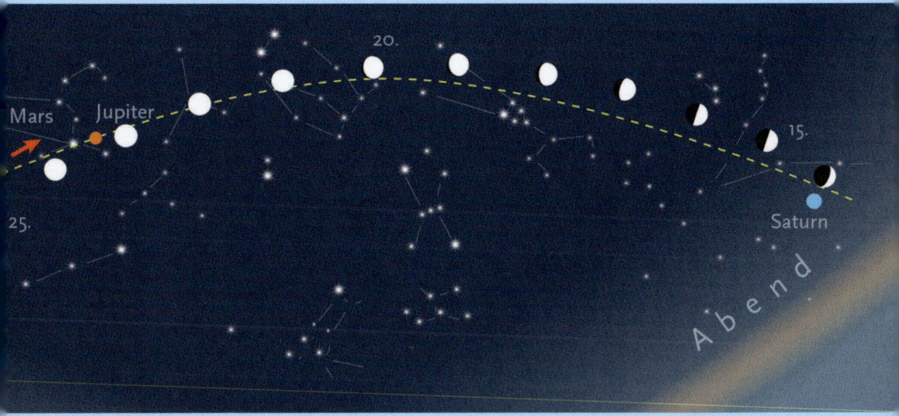

♀ *Venus*

ist am südöstlichen Morgenhimmel zu finden und geht etwa drei Stunden vor der Sonne auf. Im Januar zieht sie durch den Skorpion und steht am 17. bei Antares.

♂ *Mars*

ist die ganze Nacht im Löwen sichtbar. Seine Helligkeit nimmt jetzt deutlich zu und am 11. Januar wird er rückläufig und zieht erneut zu Regulus.

♃ *Jupiter*

steht mit Mars im Löwen und wandert auf Regulus zu. Er ist ebenfalls die ganze Nacht sichtbar.

♄ *Saturn*

steht am südsüdwestlichen Abendhimmel und geht zur Monatsmitte um 23 Uhr unter. Über dem fernen Planeten glimmt das zarte Band der Fische. Die Transzendenz dieses Bildes mit seinen beiden fühlerartigen Enden fügt sich gut zum innerlichen Leuchten des fernen Planeten.

STERNSCHNUPPEN: QUADRANTIDEN

Sie kommen vom 1. bis 5. aus dem Bootes und sind ab 3 Uhr sichtbar. Ein kurzes Maximum ist vom 3. auf den 4. zu erwarten. Es sind bläuliche Meteore mit zum Teil langen Bahnen. Mit den Quadrantiden endet die ‹Sternschnuppensaison›. Vermutlich ist während des ersten Aufstiegs der Sonne diese kosmische Inspiration nicht nötig.

Januar 2027

35. – 40. Woche nach Ostern 2026

	SONNE				MOND			
Datum	Bild	Zeichen	Aufg.	Unterg.	Bild	Aufg.	Unterg.	Position
1. Fr.	Schütze	Steinbock	8.18	16.49	● Jungfrau	2.19	12.18	
2. Sa.	Schütze	Steinbock	8.18	16.50	● Jungfrau 6h ● Waage	3.31	12.40	
3. So.	Schütze	Steinbock	8.18	16.51	● Waage 18h ● Skorpion	4.41	13.08	
4. Mo.	Schütze	Steinbock	8.17	16.52	● Skorpion	5.48	13.43	
5. Di.	Schütze	Steinbock	8.17	16.53	● Skorpion	6.49	14.26	⌣ 21.39
6. Mi.	Schütze	Steinbock	8.17	16.54	● Skorpion 8h ● Schütze	7.42	15.19	
7. Do.	Schütze	Steinbock	8.17	16.56	● Schütze	8.24	16.20	Ag 9.25 ● 21.24
8. Fr.	Schütze	Steinbock	8.17	16.57	● Schütze 21h ● Steinbock	8.57	17.27	
9. Sa.	Schütze	Steinbock	8.16	16.58	● Steinbock	9.23	18.35	
10. So.	Schütze	Steinbock	8.16	16.59	● Steinbock	9.44	19.43	☊ 16.58
11. Mo.		Steinbock	8.15	17.00	● Steinbock 5h ● Wassermann	10.01	20.51	
12. Di.		Steinbock	8.15	17.02	● Wassermann	10.17	21.58	
13. Mi.		Steinbock	8.14	17.03	● Wassermann 7h ● Fische	10.32	23.07	
14. Do.		Steinbock	8.14	17.04	● Fische	10.48	—	
15. Fr.		Steinbock	8.13	17.06	● Fische	11.05	0.18	☽ 21.33
16. Sa.		Steinbock	8.13	17.07	● Fische 5h ● Widder	11.26	1.32	
17. So.		Steinbock	8.12	17.09	● Widder 23h ● Stier	11.52	2.51	
18. Mo.		Steinbock	8.11	17.10	● Stier	12.28	4.12	
19. Di.		Steinbock	8.10	17.11	● Stier	13.19	5.31	
20. Mi.			8.09	17.13	● Stier 10h ● Zwillinge	14.26	6.40	⌒ 0.10
21. Do.		Wassermann	8.09	17.14	● Zwillinge	15.49	7.35	Pg 22.55
22. Fr.	Steinbock	Wassermann	8.08	17.16	● Zwillinge 6h ● Krebs	17.18	8.16	○ 13.17
23. Sa.	Steinbock	Wassermann	8.07	17.17	● Krebs 16h ● Löwe	18.46	8.46	☋ 18.27
24. So.	Steinbock	Wassermann	8.06	17.19	● Löwe	20.11	9.09	
25. Mo.	Steinbock	Wassermann	8.05	17.20	● Löwe	21.32	9.29	
26. Di.	Steinbock	Wassermann	8.04	17.22	● Löwe 2h ● Jungfrau	22.49	9.47	
27. Mi.	Steinbock	Wassermann	8.03	17.23	● Jungfrau	—	10.04	
28. Do.	Steinbock	Wassermann	8.02	17.25	● Jungfrau	0.04	10.22	
29. Fr.	Steinbock	Wassermann	8.00	17.26	● Jungfrau 13h ● Waage	1.18	10.44	☾ 11.55
30. Sa.	Steinbock	Wassermann	7.59	17.28	● Waage	2.30	11.10	
31. So.	Steinbock	Wassermann	7.58	17.30	● Skorpion	3.39	11.42	

KONSTELLATION

sichtbar	unsichtbar	Bemerkungen / Feste
	☿△♂[1] ☉☌☿[18]	Merkur steht hinter der Sonne.
		Die Mondsichel steht auf gleicher Höhe mit Venus am 1. Januar.
☾☌♀[14] 8° ♀□♃[19]		Am 3. um 3.38 Uhr Erde im Perihel mit 147 104 593 km.
	☾☍⛢[2]	
	☽☌☿[6]	
	♀△♆[4] ☽☌♇[9] ♀☍⛢[9]	
	☽☍♃[3]	
	☽☍♂[8]	
☽☌♄[15] 6°	☽☌♆[2] ☿△⛢[11]	Der Halbmond zieht oberhalb von Saturn vorbei.
	♀△♄[23]	
♀□♂[23]	☿☌♇[4]	Venus und Mars stehen am Morgenhimmel in Quadratur.
	☽☌⛢[13]	Venus bei Antares.
	☽☍♀[7]	
	☉△⛢[3] ☾☍♇[18]	
	☾☍☿[13]	
☾☌♃[1] 1°		Mond, Jupiter und Regulus bilden ein Dreieck.
☾☌♂[1] 6°	☉☌♇[9]	Mond, Mars und Regulus bilden ein Dreieck.
	☾☍♆[16]	
	☾☍♄[6] ☿☍♃[18]	
♀△♃[3]		Trigonstellung von Venus und Saturn am Morgenhimmel.
	☾☍⛢[8]	Mondsichel und Venus stehen auf gleicher Höhe am Morgenhimmel.

Sichtbarkeit der Planeten

abends:
Merkur ab 23.
Saturn

ganze Nacht
Mars, Jupiter

morgens:
Venus

Merkur
1.–12. ● Schütze
13.–29. ● Steinbock
30.–31. ● Wassermann

Venus
1.–5. ● Waage
6.–31. ● Skorpion

Mars
● Löwe
rückläufig ab 11.

Jupiter
● Löwe
rückläufig

Saturn
● Fische

Uranus
● Stier
rückläufig

Neptun
● Fische

● **Feuerzeichen/Frucht:** Widder, Löwe, Schütze

● **Erdzeichen/Wurzel:** Stier, Jungfrau, Steinb.

● **Luftzeichen/Blüte:** Zwill., Waage, Wasserm.

● **Wasserzeichen/Blatt:** Krebs, Skorpion, Fische

Februar 2027

IRDISCHE WIDMUNG. Die Planetenschleifen ergeben sich ja aus der irdischen Perspektive. Die Erde überholt in ihrer Bahn um die Sonne die langsamer laufenden Planeten Mars und Jupiter und dadurch scheinen diese Wandler für eine Zeit zurückzufallen. Mit anderen Worten: In den Schleifen spiegelt sich das Verhältnis der Planeten zur Erde, es ist die irdische Seite der Planeten. Wenn nun Mars und Jupiter im Löwen ihre Schleifen ziehen, so ist es das, was die Planeten ‹irdisch› zu erzählen haben, es ist ihre irdische Widmung.

RINGFÖRMIGE SONNENFINSTERNIS. Am 6. Februar ereignet sich eine ringförmige Sonnenfinsternis, die im Süden von Chile und Argentinien zu sehen ist. Kurz vor ihrem Untergang sieht man die verdunkelte Sonne auch noch an der Westküste Afrikas.

Süden, 20.–21. Februar

In ganz Europa ist die Halbschattenfinsternis des Mondes zu sehen.

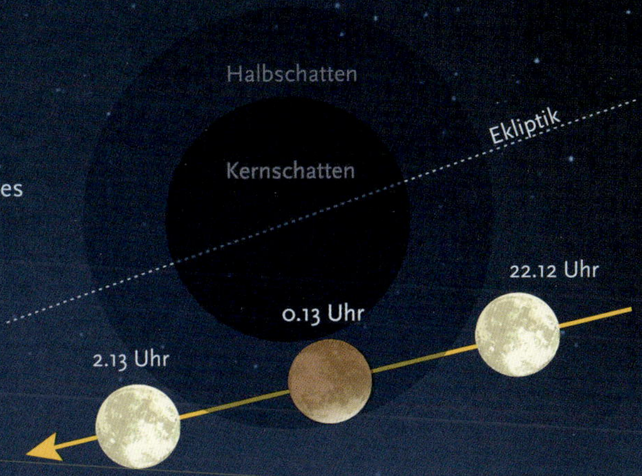

Südwesten

Merkur am Horizont in der ersten Februarwoche

MERKURIELLER GRUSS

Merkur ist immer nur für ein bis zwei Wochen am Abend- und Morgenhimmel zu sehen. Während zu den Sternen die Dauer gehört, ist es bei Merkur der Moment. Und dieser Moment liegt in der Dämmerung, in der Zeit des Übergangs, wie auch der Ort seines Erscheinens: der Horizont, Übergang vom Unten und Oben.

Wanderung von Mond und Planeten

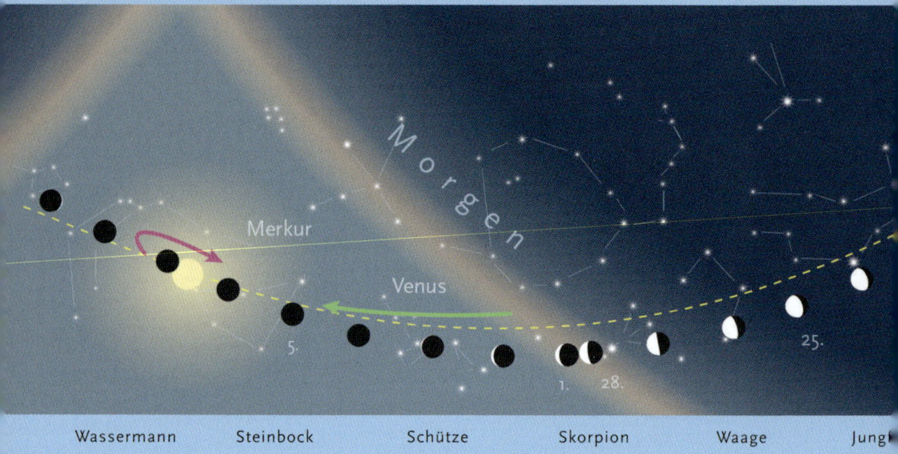

☉ *Sonne*

Am 6. Februar wandert die Erde in den Mondschatten. Weil der Mond dabei nahe seinem Apogäum ist, ist die Mondscheibe zu klein, um die ganze Sonne zu bedecken. 13,5% der Sonnenscheibe bleiben frei, sodass es selbst in der Zentrallinie recht hell ist.

☾ *Mond*

Am 21. Februar wandert der Vollmond in den Halbschatten der Erde. Die untere Seite des Mondes bleibt ganz im Sonnenlicht, aber die obere bekommt nur einen Teil des Sonnenlichtes. Deshalb ist der Mond nur schwach verdunkelt. Trotzdem lohnt es sich, nach Mitternacht zum Mond zu schauen, am besten zur Zeit des Maximums um 1.44 Uhr.

☿ *Merkur*

ist am Monatsanfang am südwestlichen Abendhimmel zu finden. Den höchsten Stand erreicht der sonnennächste Planet am 4. Februar. In den nächsten Tagen verliert er dann sehr schnell an Höhe und steht am 18. Februar wieder in unterer Konjunktion zwischen Erde und Sonne.

♀ *Venus*

ist Morgenstern. Ihr Abstieg verlangsamt sich im Februar. Gleichwohl geht sie noch etwa zwei Stunden vor Sonnenaufgang auf. Am 1. Februar zieht die Mondsichel unterhalb von Venus entlang. Am letzten Februartag steht der Mond bei Antares im Skorpion 50° weiter rechts als Venus und scheint doch die gleiche Höhe über dem Horizont zu besitzen. Die tiefe Stellung des Tierkreises und der weite Abstand des Mondes von der Tierkreislinie in dieser Tierkreisregion machen dies möglich.

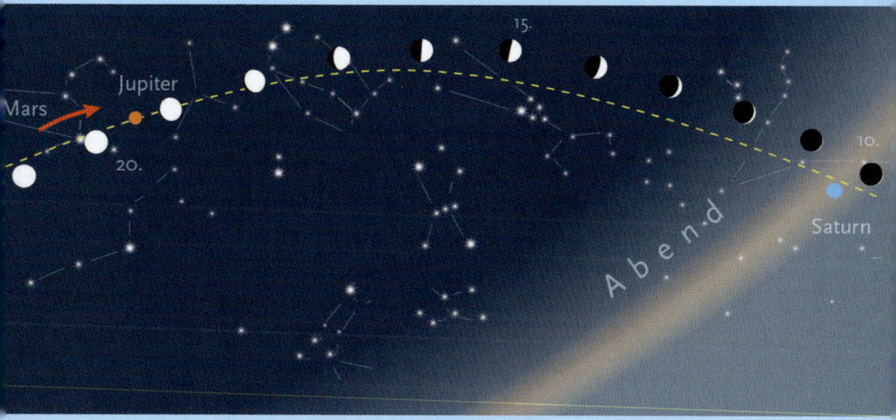

Löwe Krebs Zwillinge Stier Widder Fische

♂ *Mars*

erreicht am 19. Februar die Opposition zur Sonne. Seine nächste Stellung zur Erde liegt allerdings einen Tag später. Solche kleinen Unterschiede sind durch die leichte Neigung der Marsbahn zu erklären. Mars zieht seine eindrucksvolle Schleife im Löwen. Die Bahn von Mars ist außerordentlich ellipitisch und hat im Löwen seine größte Distanz zur Sonne. Das bedeutet, dass die Erdnähe am 20. Februar mit 102 Mio. km viel weiter ausfällt, als wenn er auf der gegenüberliegenden Seite im Wassermann der Erde nahe steht. Dann sind es nur 60 Mio. km. Deshalb ist die Helligkeit von Mars jetzt nicht so extrem. Was ihn jetzt ausmacht, ist seine Position im Löwen!

♃ *Jupiter*

steht am 11. Februar in Opposition zur Sonne und ist die ganze Nacht eindrucksvoll im Löwen mit Mars zu sehen.

♄ *Saturn*

ist am Abendhimmel im Südwesten zu finden und geht zur Monatsmitte gegen 21.30 Uhr unter.

Februar 2027

40. – 44. Woche nach Ostern 2026

	SONNE				MOND			
Datum	Bild	Zeichen	Aufg.	Unterg.	Bild	Aufg.	Unterg.	Position
1. Mo.	Steinbock	Wassermann	7.57	17.31	● Skorpion	4.43	12.22	
2. Di.			7.56	17.33	● Skorpion 14h ● Schütze	5.38	13.13	◡ 3.33
3. Mi.			7.54	17.34	● Schütze	6.23	14.11	Ag14.42
4. Do.			7.53	17.36	● Schütze	6.59	15.17	
5. Fr.			7.52	17.37	● Schütze 3h ● Steinbock	7.28	16.24	
6. Sa.			7.50	17.39	● Steinbock	7.50	17.33	● 16.56 ☊ 22.44
7. So.			7.49	17.41	● Steinbock 11h ● Wasserm.	8.08	18.42	
8. Mo.			7.47	17.42	● Wassermann	8.25	19.50	
9. Di.			7.46	17.44	● Wassermann 12h ● Fische	8.40	20.59	
10. Mi.			7.44	17.45	● Fische	8.55	22.08	
11. Do.			7.43	17.47	● Fische	9.12	23.21	
12. Fr.			7.41	17.48	● Fische 11h ● Widder	9.31	—	
13. Sa.			7.40	17.50	● Widder	9.54	0.36	
14. So.			7.38	17.51	● Widder 6h ● Stier	10.25	1.55	☽ 8.57
15. Mo.			7.36	17.53	● Stier	11.08	3.12	
16. Di.			7.35	17.55	● Stier 19h ● Zwillinge	12.06	4.23	◠ 8.58
17. Mi.	Wassermann		7.33	17.56	● Zwillinge	13.19	5.23	
18. Do.			7.31	17.58	● Zwillinge 17h ● Krebs	14.43	6.09	
19. Fr.			7.30	17.59	● Krebs	16.10	6.43	Pg 8.38
20. Sa.			7.28	18.01	● Krebs 3h ● Löwe	17.38	7.09	☋ 5.41
21. So.		Fische	7.26	18.02	● Löwe	19.01	7.31	○ 0.23
22. Mo.			7.24	18.04	● Löwe 12h ● Jungfrau	20.21	7.49	
23. Di.			7.22	18.05	● Jungfrau	21.40	8.07	
24. Mi.			7.21	18.07	● Jungfrau	22.56	8.25	
25. Do.			7.19	18.08	● Jungfrau 22h ● Waage	—	8.46	
26. Fr.			7.17	18.10	● Waage	0.11	9.10	
27. Sa.			7.15	18.11	● Waage 8h ● Skorpion	1.24	9.41	
28. So.			7.13	18.13	● Skorpion	2.31	10.18	☾ 6.17

KONSTELLATION

sichtbar	unsichtbar	Bemerkungen / Feste
☾☌♀^{14} 7°	☿□♅^{13}	Weit unterhalb von Venus zieht die Mondsichel vorbei.
	☾☌♇^{17} ♀□♆^{19}	Höchster Stand von Merkur am Abendhimmel.
		Ringförmige Sonnenfinsternis, in Europa nicht sichtbar.
	☽☍♃^{3} ☿☍♂^{8}	
♀△♂^{4}	☽☍♂^{4} ☽☍☿^{5}	Venus und Mars spannen einen Winkel von 120° auf.
	☽☍♆^{9}	
☽☌♄^{1} 6°	☉☍♃^{1}	Weit oberhalb von Saturn zieht der Halbmond vorbei.
		11.: Jupiter in Sonnenopposition.
	♀□♄^{13}	
	☽☌♅^{20}	
	☿☍♂^{19} ☿□♅^{24}	
	♂□♅^{8} ☽☍♀^{23}	
	☉☌☿^{18}	Merkur steht zwischen Erde und Sonne.
	☽☍♇^{6} ☉☍♂^{17}	Mars steht in Opposition zur Sonne.
☾☌♃^{6} 1° ☾☌♂^{21} 6°	☉□♅^{16} ☽☍☿^{17}	Mars in Erdnähe.
		Halbschattenmondfinsternis und enge Stellung mit Mars, Jupiter.
	☾☍♆^{4} ☾☍♄^{20}	
	☾☍♅^{15}	

Sichtbarkeit der Planeten

abends:
Merkur bis 12.
Saturn

ganze Nacht:
Mars, Jupiter

morgens:
Venus

Merkur
1.–21. ● Wassermann
22.–29. ● Steinbock
rückläufig ab 9.

Venus
1.–2. ● Skorpion
3.–28. ● Schütze

Mars
● Löwe
rückläufig

Jupiter
● Löwe
rückläufig

Saturn
● Fische

Uranus
● Stier
rückläufig bis 8.

Neptun
● Fische

● **Feuerzeichen/Frucht:** Widder, Löwe, Schütze

● **Erdzeichen/Wurzel:** Stier, Jungfrau, Steinb.

● **Luftzeichen/Blüte:** Zwill., Waage, Wasserm.

● **Wasserzeichen/Blatt:** Krebs, Skorpion, Fische

März 2027

VENUS AM HORIZONT. Es gibt eine Reihe von Eigenschaften von Venus, die sie als ‹luziferischen› Planeten kennzeichnen. So hat Venus eine 100-fach dichtere Atmosphäre als die Erde, wodurch es am Boden immer gleich warm ist. So kehrt sich Venus von der Sonne ab und tut dies auch in ihrer Bewegung. Sie rotiert entgegengesetzt des Umlaufs um die Sonne und bildet auch so eine Eigenwelt. Wie anders ist ihre Bewegung dann bezüglich der Erde. Über Monate hinweg bleibt sie in gleicher Höhe über dem Horizont und verbindet sich damit innig mit der Landschaft. Das ist Venus: Sie gewinnt ihre Schönheit in ihrem ‹Eigensein› und gibt diese Schönheit der Erde hin.

Südosten, 1. März, 6.30 Uhr

Venus und Mondsichel stehen im Abstand von 40° auf gleicher Höhe.

GETRENNT GEMEINSAM. Die obige Konstellation zeigt, dass die Himmelskörper nicht genau in einer Ebene laufen, sonst wäre solch eine Stellung nicht möglich. Die Mondbahn ist um 5° zur Erdbahn geneigt und die Venusbahn um 3°. Alle Planeten laufen – mit Ausnahme von Pluto – ungefähr in einer Ebene, um dann im Einzelnen doch eine ganz eigene Bahnebene zu bilden. So bilden sie ein Ganzes und sind doch individuell.

Osten, 19. März, abends

Monat für Monat ergeben sich neue Konstellationen aus Mars, Jupiter, Regulus und Mond.

GEHEIMNIS DES RHYTHMUS

Die Zusammenkunft von Mars, Jupiter, Mond und Regulus wiederholt sich Monat für Monat und doch ist das Bild immer etwas anders. Damit unterscheidet sich die Konstellation vom Takt, wo die Wiederholung ein und des selben sich ereignet. Im Rhythmus ist ein Freiheitsgrad enthalten. Die Zusammenkunft der Vier im Löwen zeigt es.

Wanderung von Mond und Planeten

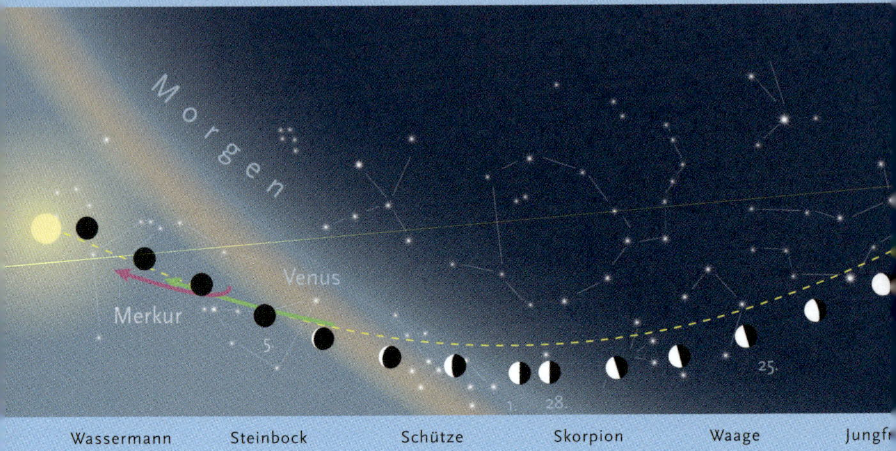

☉ *Sonne*

In diesem Jahr ist astronomischer Frühlingsbeginn am 20. März um 21.25 Uhr.

☾ *Mond*

Am Monatsanfang wandert morgens die Mondsichel auf Venus zu. Da der Mond in dieser Tierkreisregion weit unterhalb der Ekliptik steht, besitzt er die gleiche Höhe über der Landschaft, obwohl er über 40° von Venus entfernt ist. Am 19. März besucht der Mond erneut die Versammlung im Löwen. Wieder ergibt sich mit Mars, Jupiter und Regulus eine einzigartige Konstellation.

☿ *Merkur*

bleibt unsichtbar. Die flache Tierkreisstellung am Morgenhimmel macht es Merkur unmöglich, sich gegen das Dämmerlicht durchzusetzen.

♀ *Venus*

wandert flach über den südöstlichen Morgenhimmel. Nur 10° steht sie bei Sonnenaufgang über dem Horizont. Ihre enorme Helligkeit macht es ihr möglich, auch in solcher Sonnennähe noch sichtbar zu sein.

♂ *Mars*

ist nach seiner Erdnähe im Februar auch im März die ganze Nacht zu sehen. Mit Jupiter befindet er sich jetzt im Feld zwischen Löwe und Krebs. Tag für Tag ergeben sich neue Proportionen mit Jupiter und Regulus, dem Hauptstern des Löwen.

♃ *Jupiter*

ist wie Mars die ganze Nacht zu sehen. Die rückläufige Bewegung bringt ihn ab 2. März wieder in den Krebs. Am 19. März bildet sich ein wunderbares Drei-

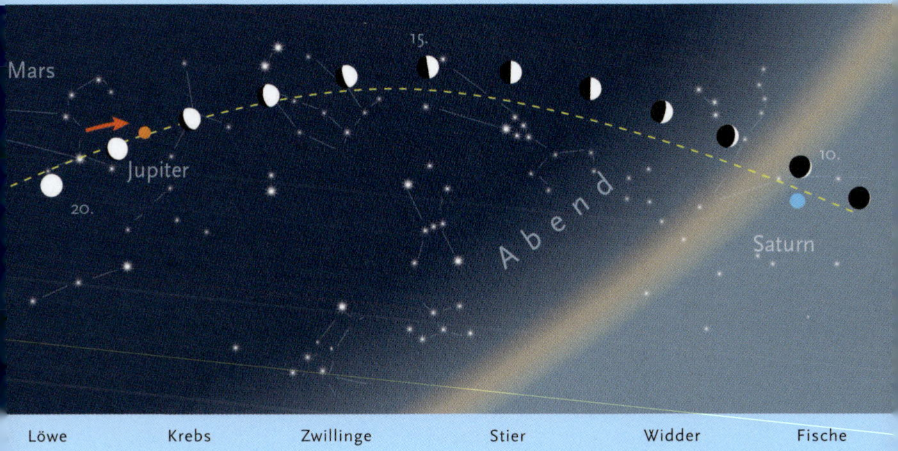

eck aus Mond, Mars und Jupiter. Im März laufen Mars und Jupiter parallel miteinander Richtung Krebs. Etwa 5° trennen dabei die beiden Wandler.

♄ *Saturn*

findet man abends tief am südwestlichen Horizont. Bis 24. März glimmt er dort im Dämmerlicht. Dann verschwindet der ferne Planet im Glanz der Sonne und erscheint in etwa zwei Monaten wieder am Morgenhimmel.

♆ *Neptun*

steht am 24. hinter der Sonne. Im letzten Jahr war die Konjunktion mit der Sonne noch am 22., also kurz nach Frühlingsbeginn. Tatsächlich stand Neptun auch eng am Frühlingspunkt. Von diesem Gleichgewichtspunkt im Tierkreis hat er sich nun schon geringfügig entfernt.

ZODIAKALLICHT
In dunklen Nächten ist das Zodiakallicht zu beobachten. Das Phänomen ist zu sehen, wenn die Ekliptik am Horizont steil nach oben ragt. Das ist im Februar und März abends, im September, Oktober morgens der Fall. Das Sonnenlicht bricht sich am Staub in der Ekliptikebene und erscheint bald nach Sonnenuntergang als aufsteigender schimmernder Lichtkegel.

März 2027

44. – 48. Woche nach Ostern 2026

	SONNE				MOND			
Datum	Bild	Zeichen	Aufg.	Unterg.	Bild	Aufg.	Unterg.	Position
1. Mo.	Wassermann	Fische	7.11	18.14	Skorpion 21h Schütze	3.31	11.05	◡ 10.37
2. Di.			7.09	18.16	Schütze	4.20	12.01	
3. Mi.			7.07	18.17	Schütze	5.00	13.05	Ag 6.46
4. Do.			7.06	18.19	Schütze 10h Steinbock	5.30	14.11	
5. Fr.			7.04	18.20	Steinbock	5.55	15.21	
6. Sa.			7.02	18.22	Steinbock 18h Wasserm.	6.14	16.29	☊ 5.41
7. So.			7.00	18.23	Wassermann	6.31	17.38	
8. Mo.			6.58	18.25	Wassermann 19h Fische	6.47	18.47	● 10.30
9. Di.			6.56	18.26	Fische	7.03	19.58	
10. Mi.			6.54	18.28	Fische	7.19	21.11	
11. Do.			6.52	18.29	Fische 17h Widder	7.38	22.26	
12. Fr.			6.50	18.30	Widder	8.00	23.44	
13. Sa.	Fische		6.48	18.32	Widder 12h Stier	8.28	—	
14. So.			6.46	18.33	Stier	9.07	1.01	
15. Mo.			6.44	18.35	Stier	9.58	2.13	⌒ 15.14 ☽ 17.24
16. Di.			6.42	18.36	Stier 2h Zwillinge	11.04	3.16	
17. Mi.			6.40	18.38	Zwillinge	12.21	4.04	
18. Do.			6.38	18.39	Zwillinge 1h Krebs	13.45	4.41	
19. Fr.			6.36	18.41	Krebs 12h Löwe	15.10	5.10	Pg 5.36 ☋ 14.07
20. Sa.			6.34	18.42	Löwe	16.32	5.33	
21. So.			6.31	18.43	Löwe 23h Jungfrau	17.53	5.52	
22. Mo.		Widder	6.29	18.45	Jungfrau	19.12	6.10	○ 11.43
23. Di.			6.27	18.46	Jungfrau	20.30	6.28	
24. Mi.			6.25	18.48	Jungfrau	21.47	6.48	
25. Do.			6.23	18.49	Jungfrau 7h Waage	23.03	7.11	
26. Fr.			6.21	18.51	Waage 17h Skorpion	—	7.39	
27. Sa.			6.19	18.52	Skorpion	0.14	8.14	
28. So.			7.17	19.54	Skorpion	2.18	9.58	◡ 19.38
29. Mo.			7.15	19.55	Skorpion 6h Schütze	3.12	10.51	
30. Di.			7.13	19.56	Schütze	3.56	11.52	☾ 2.55
31. Mi.			7.11	19.58	Schütze 19h Steinbock	4.30	12.58	Ag 3.34

Alle Zeitangaben ab 29. = Sommerzeit

KONSTELLATION

sichtbar	unsichtbar	Bemerkungen / Feste
	♀△♅^{22}	
		Venus und Mondsichel auf gleicher Höhe am Horizont.
☾☌♀^{21} 2°		
	☾☌♇^{1}	
	☾☍♃^{3} ☾☌☿^{7} ♀☌♇^{15}	
	6.: ☾☍♂^{15}	
	☽☌♆^{17}	
☽☌♄^{12} 6°		Mond bei Saturn.
	☿☍♂^{10}	
	☽☌♅^{2}	
	♀☍♃^{13}	
	☽☍♇^{16}	
☽☌♃^{11} 1° ☽☌♂^{17} 4°	♀☍♂^{17} ☽☍♀^{17}	Zauberhaftes Dreieck von Mars Mond und Jupiter bei Regulus.
	☽☍☿^{10} ☿□♅^{15}	Frühlingsbeginn um 21.25 Uhr
		Palmsonntag
	☾☍♆^{16}	Ostervollmond
	☾☍♄^{12}	
	☉☌♆^{24}	Neptun in Konjunktion mit Sonne.
		Karfreitag
	☾☍♅^{2}	
	♀□♅^{15}	Beginn der Sommerzeit. Ostersonntag

Sichtbarkeit der Planeten

abends:
Saturn bis 24.

ganze Nacht:
Mars, Jupiter

morgens:
Venus

Merkur
1.–15. ● Steinbock
16.–29. ● Wassermann
rückläufig bis 2.

Venus
1.–23. ● Steinbock
24.–31. ● Wassermann

Mars
● Löwe
rückäufig

Jupiter
1.–10. ● Löwe
11.–31. ● Krebs
rückläufig

Saturn
● Fische

Uranus
● Stier

Neptun
● Fische

● **Feuerzeichen/Frucht:** Widder, Löwe, Schütze

● **Erdzeichen/Wurzel:** Stier, Jungfrau, Steinb.

● **Luftzeichen/Blüte:** Zwill., Waage, Wasserm.

● **Wasserzeichen/Blatt:** Krebs, Skorpion, Fische

Der Sternenhimmel im März ca. 19^h30^m

Die Abbildung gilt auch für

Mitte Februar	21^h
Mitte Januar	23^h
Mitte Dezember	1^h

Angaben von April bis Oktober in Sommerzeit

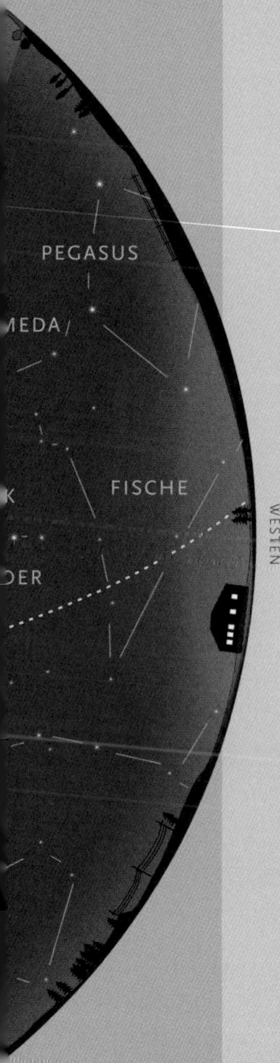

DER ABSCHIED DER STERNENWELT. Mitte März kann man am Ende der Dämmerung im Nordwesten den Untergang von Pegasus beobachten. Das Bild, das schon in seiner Stellung am südlichen Himmel beeindruckende Größe zeigte, scheint nun noch umfassender zu sein. Das ist ein typisches Phänomen, dass die Sternbilder in Horizontnähe zu wachsen scheinen. So wie im Herbst der Aufgang der Fische den Aufstieg der hellen Sternbilder ankündigte, ist es nun der Untergang von Pegasus, der den Abschied der strahlenden Bilder Orion, Stier und Großer Hund einleitet. Noch dominieren diese Bilder den südlichen Himmel, bilden eine Achse von Horizont bis Zenit, doch in den späten Abendstunden wandelt sich diese Szenerie vollständig.

Diese Lichtachse vom Großen Hund mit Sirius bis zu Fuhrmann hoch im Süden kippt Richtung westlichem Horizont. Es lohnt sich, stündlich oder noch in kürzeren Intervallen diesen Abschied der hellen Sternbilder zu verfolgen. Wenn die Zeit auf Mitternacht zuschreitet, bildet die am Abendhimmel zum Zenit weisende Achse eine Linie am Horizont. Mit der ersten Stunde des neuen Tages sinkt die Linie unter den Horizont, Hund, Orion und Zwillinge verschwinden, allein Fuhrmann bleibt noch bis 2 Uhr, bevor auch er im Norden untergeht. Das Verblassen der Sternenwelt mit dem Frühling vollzieht sich damit nicht nur über die Wochen der Vorosterzeit, sondern lässt sich in den späten Abendstunden innerhalb eines Tages mitvollziehen.

April 2027

ABSCHIED VOM LÖWEN. Die Schleifenbewegung führt Mars und Jupiter im Frühjahr bzw. Sommer noch einmal an Regulus vorbei. Beide Planeten nehmen dabei Fahrt auf. Vor allem Mars gewinnt im Mai und Juni dann enorm Geschwindigkeit und verlässt im Sommer den Löwen. Jupiter bleibt das ganze Jahr noch in dem ausdrucksvollen Bild. Was für ein planetarisches Feuerwerk, das jetzt an Ostern erneut die Gemeinschaft von Mars und Jupiter, von Wille und Erkenntnis feiert.

Südwesten, abends

Mars und Jupiter wandern auf Regulus zu.

DIE DYNAMIK VON MARS

Im Frühjahr ist gut zu beobachten, wie der rote Planet Fahrt aufnimmt. Im April wandert Mars nur 4°, während es im Mai dann schon 10° sind. Mars verdoppelt seine Geschwindigkeit. Im Juni steigert sich sein Lauf auf 15°, sodass er das halbe Bild durchschreitet. Typisch für Mars ist dieser enorme Wechsel von Stillstand und schnellem Gang.

Westen, 15. April, abends

Wieder bilden Mars, Jupiter und Regulus einen Vierklang.

DER KÖNIG DES TIERKREISES

Als im dritten Jahrtausend v. Chr. die Kalenderrechnung begann, da stand der Frühlingspunkt im Stier. Entsprechend war die Sommersonnenwende im Löwen. Was heute die Zwillinge betrifft, dass sie wie kein anderes Bild beinahe den Zenit erreichen, das galt damals für den Löwen. Deshalb war der Bruststern ‹Regulus› tatsächlich der Königsstern im Tierkreis.

Wanderung von Mond und Planeten

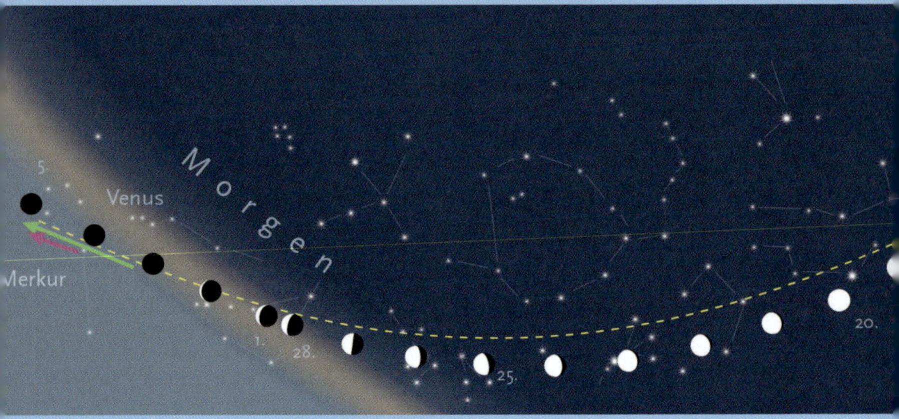

☉ *Sonne*

Die Sonne steigt dynamisch empor. Die Tageslänge wächst täglich um drei Minuten.

☾ *Mond*

Am 4. April steht die Mondsichel oberhalb von Venus am östlichen Morgenhimmel. Am 15., zur Monatsmitte, besucht der Halbmond die Versammlung von Mars, Jupiter und Regulus. Erneut bildet sich im Löwen mit dem Mond ein Vierklang aus den Gestirnen.

☿ *Merkur*

ist im April unsichtbar und steht am 29. April hinter der Sonne. In der letzten Maiwoche ist Merkur dann wieder am Abendhimmel am westlichen Horizont zu finden.

♀ *Venus*

ist tief am südöstlichen Himmel am Morgen zu sehen. Am 4. April zieht oberhalb von Venus die abnehmende Mondsichel entlang und hilft, Venus zu entdecken. Der Morgenstern zieht noch über Wochen am Horizont entlang, bevor Venus dann im August die Sonne erreicht.

♂ *Mars*

ist die ganze Nacht zu sehen. Am 2. April endet seine Rückläufigkeit. Dann wandert er erneut auf Regulus zu und erreicht den Herzstern im Löwen am 14. Mai. Ein Tag zuvor steht er dabei mit Mond und Regulus in einer engen Reihe. Eine besondere Konstellation. Mars zieht dann immer schneller durch den Löwen und entfernt sich aus seiner Gemeinschaft mit Jupiter.

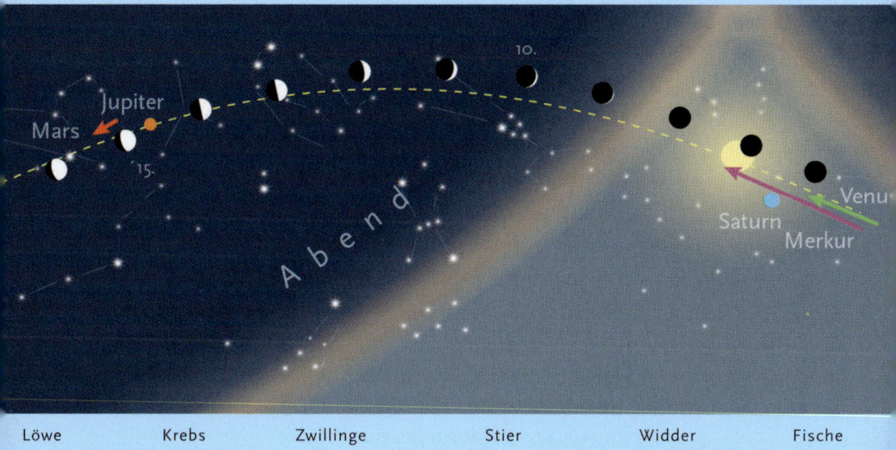

♃ *Jupiter*

beherrscht mit Mars das nächtliche Firmament. Am 13. April endet seine Rückläufigkeit, die ihn noch einmal aus dem Löwen in den Krebs geführt hat. Anschließend nimmt Jupiter langsam wieder Fahrt auf und bewegt sich auf Regulus zu. Dabei läuft ihm der nahstehende Mars nun schnell davon. Anfang Mai steht Mars 10° weiter und einen Monats später sind es schon 17°. In der zweiten Juniwoche hat sich Mars so weit entfernt, dass Regulus gleich weit entfernt ist von Mars und von Jupiter. Eine harmonische Stellung! Den Hauptstern im Löwen erreicht Jupiter am Ende seiner Sichtbarkeitsperiode am 26. Juli.

♄ *Saturn*

zieht unsichtbar durch die Fische und steht am 7. April hinter der Sonne. Etwa am 8. Mai wird Saturn am Morgenhimmel wieder sichtbar. Dabei steht Venus direkt oberhalb von Saturn und hilft so, den fernen Planeten zu finden. Am 1. Juni wandert oberhalb von Saturn die Mondsichel vorbei. Im Herbst 2027 läuft Saturn die letzte seiner drei Schleifen in den Fischen.

April 2027

48. Woche nach Ostern 2026

Datum	SONNE Bild	Zeichen	Aufg.	Unterg.	MOND Bild	Aufg.	Unterg.	Position
1. Do.			7.09	19.59	Steinbock	4.57	14.06	
2. Fr.			7.07	20.01	Steinbock	5.18	15.14	☊ 12.17
3. Sa.			7.05	20.02	Steinbock 5h Wasserm.	5.36	16.23	
4. So.			7.04	20.04	Wassermann	5.53	17.31	
5. Mo.			7.02	20.05	Wassermann 5h Fische	6.09	18.42	
6. Di.			6.00	20.06	Fische	6.25	19.54	
7. Mi.			6.58	20.08	Fische	6.43	21.10	● 1.52
8. Do.			6.56	20.09	Fische 1h Widder	7.04	22.29	
9. Fr.			6.54	20.11	Widder 19h Stier	7.31	23.48	
10. Sa.			6.52	20.12	Stier	8.07	—	
11. So.			6.50	20.14	Stier	8.55	1.04	⋒ 21.25
12. Mo.			6.48	20.15	Stier 8h Zwillinge	9.57	2.10	
13. Di.			6.46	20.16	Zwillinge	12.11	3.02	
14. Mi.			6.44	20.18	Zwillinge 8h Krebs	13.32	3.42	☽ 0.56 Pg 2.37
15. Do.			6.42	20.19	Krebs 20h Löwe	13.54	4.13	☋ 18.32
16. Fr.			6.41	20.21	Löwe	15.15	4.37	
17. Sa.	Fische		6.39	20.22	Löwe	16.34	4.56	
18. So.			6.37	20.23	Löwe 8h Jungfrau	17.51	5.14	
19. Mo.		Widder	6.35	20.25	Jungfrau	19.08	5.32	
20. Di.			6.33	20.26	Jungfrau	20.25	5.51	
21. Mi.			6.31	20.28	Jungfrau 17h Waage	21.40	6.13	○ 0.26
22. Do.			6.30	20.29	Waage	22.54	6.39	
23. Fr.			6.28	20.31	Waage 3h Skorpion	—	7.10	
24. Sa.			6.26	20.32	Skorpion	0.02	7.51	
25. So.			6.24	20.33	Skorpion 15h Schütze	1.01	8.41	◡ 3.45
26. Mo.			6.22	20.35	Schütze	1.50	9.39	
27. Di.			6.21	20.36	Schütze	2.28	10.44	Ag 23.20
28. Mi.			6.19	20.38	Schütze 3h Steinbock	2.57	11.51	☾ 22.19
29. Do.	Widder	Stier	6.17	20.39	Steinbock	3.20	12.58	☊ 15.24
30. Fr.			6.16	20.40	Steinbock 12h Wasserm.	3.40	14.06	

Alle Zeitangaben = Sommerzeit

KONSTELLATION

sichtbar	unsichtbar	Bemerkungen / Feste
	☾☌♇[11]	
	☾☍♃[8] ☾☍♂[15]	
	♃△♄[15]	
☾☌♀[6] 3°		Die Mondsichel steht dicht über Venus am Morgenhimmel.
	☾☌☿[7]	
	☾☌♆[3]	
	☽☌♄[3] ☉△♃[4] ☉☌♄[19]	Saturn hinter der Sonne.
	☽☌⛢[11]	
	☉△♂[17] ☿☌♆[20]	
	☽☍♇[24]	
☽☌♃[16] 1°		Erneut stehen Jupiter, Mars, Regulus und Mond beisammen.
☽☌♂[11] 3°		
	☿△♃[13] ☽☍♀[15]	
	☽☍♆[3] ☿☌♄[15]	
	☽☍♄[4] ☽☍☿[6]	
	☿△♂[16]	
	☾☍⛢[14]	
	♀☌♆[13]	
	☉□♇[17]	
	☿□♇[10] ☾☌♇[20] ☉☌☿[24]	Merkur steht hinter der Sonne.
	☾☍♃[17]	
	☾☍♂[9]	

Sichtbarkeit der Planeten

ganze Nacht:
Mars, Jupiter

morgens:
Venus

Merkur
1.–3. ● Wassermann
4.–24. ● Fische
25.–31. ● Widder

Venus
1.–13. ● Wassermann
14.–30. ● Fische

Mars
● Löwe
rückäufig bis 1.

Jupiter
● Krebs
rückläufig bis 13.

Saturn
● Fische

Uranus
● Stier

Neptun
● Fische

● **Feuerzeichen/Frucht:** Widder, Löwe, Schütze

● **Erdzeichen/Wurzel:** Stier, Jungfrau, Steinb.

● **Luftzeichen/Blüte:** Zwill., Waage, Wasserm.

● **Wasserzeichen/Blatt:** Krebs, Skorpion, Fische

Erklärung des Kalendariums

	SONNE				MOND			
Datum	Bild	Zeichen	Aufg.	Unterg.	Bild	Aufg.	Unterg.	Position
1. Fr.			6.57	20.08	● Jungfrau	16.12	5.23	☊ 11.15
2. Sa.			6.55	20.10	● Jungfrau	17.18	5.54	
3. So.			6.53	20.11	● Jungfrau	18.23	6.22	
4. Mo.			6.51	20.13	● Jungfrau 15h ● Waage	19.26	6.48	
5. Di.								
6. Mi.								

Sonne:
1. Spalte: Tierkreisbild, vor welchem die Sonne steht. Ist kein Tierkreisbild angegeben, befindet sich die Sonne im Übergangsbereich zweier Bilder. Mit den Tierkreisbildern ist der astronomische Tierkreis gekennzeichnet.
2. Spalte: Tierkreiszeichen, gemäß der Einteilung des Tierkreises in 30°-Segmente ergeben sich zwölf charakteristisch verschiedene Sonnenbögen. Mit den Tierkreiszeichen ist der astrologische Tierkreis gekennzeichnet. Genauere Beschreibung auch im Unterschied zum Tierkreisbild siehe Seite 143 ff.
3. und 4. Spalte: Sonnenauf- und Sonnenuntergang, bezogen auf Basel, Umrechnung für andere Orte siehe Seite 120 f.

Mond:
1. Spalte: Tierkreisbild, vor welchem der Mond steht. Die vier unterschiedlichen Farben kennzeichnen die entsprechenden Elemente (Erde, Wasser, Luft und Feuer) bzw. entsprechende Pflanzen (Wurzel-, Blatt-, Blüten- und Fruchtpflanzen), die den Bildern zugeordnet werden. Die Uhrzeit gibt den Wechsel des Mondes von einem Tierkreisbild in das kommende an.
3./4. Spalte: Mondauf- und Monduntergang, bezogen auf Basel, Umrechnung für andere Orte siehe Seite 120 f.
5. Spalte: Besondere Stellungen, die der Mond während seines Laufes erreicht. Die Symbole sind auf der vorderen Umschlagklappe erläutert.

Konstellationen, sichtbar:
Durch die unterschiedlich schnelle Wanderung der Planeten ändern sich fortwährend die Winkel, die sie vom irdischen Gesichtspunkt zueinander einnehmen. Sofern zwei Planeten sichtbar sind, also nicht in Nähe der Sonne stehen, kann neben dem Beieinanderstehen (Konjunktion) auch beobachtet werden, wenn ihr Winkel 1/3 = 120° (Trigon) des

KONSTELLATION

sichtbar	unsichtbar	Bemerkungen
	☉☍♃^{24}	Jupiter in Sonnenopposition.
♀□♄^{22}	☽☍♆$_{7}$	
	☽☍♀^{10}	Palmsonntag

Tierkreises oder ¼ = 90° (Quadratur) ausmacht. Die hochgestellte Zahl gibt die Stunde der besonderen Konstellation an. Da sie ein zeitlicher Prozess ist, wird sie auch als sichtbar betrachtet, wenn der Eintritt tagsüber stattfindet. Die Konjunktionsangaben sind mit einer Gradangabe versehen, um zu zeigen, wie eng die Begegnung ausfällt. 1° entspricht dabei dem doppelten Vollmonddurchmesser.

Konstellationen, unsichtbar:
Viele Konstellationen entziehen sich der Beobachtung: Entweder steht ein Planet bei der Sonne, oder es handelt sich um die transsaturnischen Wandelsterne, die mit dem bloßen Auge nicht zu beobachten sind. Ferner kann naturgemäß das Gegenüberstehen zweier Wandelsterne, die Opposition, nicht beobachtet werden. Entsprechende Konstellationen sind in dieser Rubrik aufgeführt. Die hochgestellte Zahl bezeichnet die Stunde des Ereignisses.

Sichtbarkeit der Planeten:
Wann ein Planet zu sehen ist, hängt von seiner Position relativ zur Sonne ab. Wenn er links von der Sonne steht, folgt er ihr nach und ist nach Sonnenuntergang im Westen zu finden. Steht der Planet rechts der Sonne, so schreitet er ihr voran und ist vor Sonnenaufgang im Osten zu sehen. Die ganze Nacht ist ein Planet zu sehen, wenn er der Sonne gegenübersteht. Wie der Vollmond steht er abends im Osten, nachts im Süden und morgens im Westen.

Planeten im Tierkreis:
Hier ist aufgeführt, vor welchem Tierkreisbild ein Planet steht bzw. wann er die Tierkreisgrenzen überschreitet. Auch sind die Zeiten rückläufiger Bewegung angegeben.

Das Jahr im Überblick

Planetensichtbarkeiten und Dämmerung

Die untersonnigen Planeten

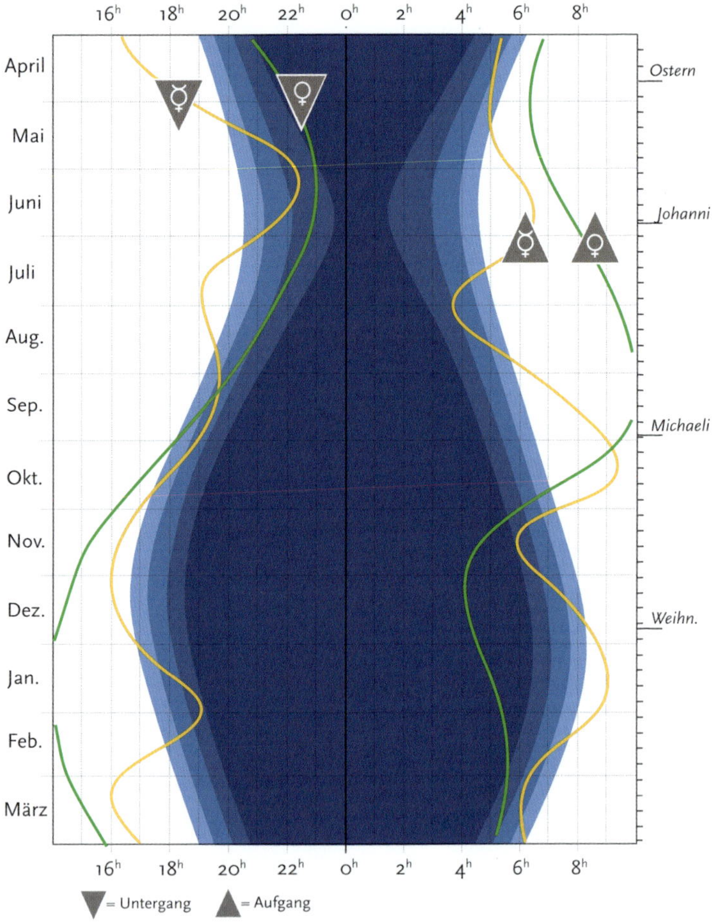

Die Abbildungen zeigen die Zeit der Auf- bzw. Untergänge der Planeten und deren Sichtbarkeiten in MEZ: Die vasenartigen Schattierungen kennzeichnen die Stufen der Dämmerung. Auf der ersten Stufe, direkt nach Sonnenuntergang und vor Sonnenaufgang (bürgerliche Dämmerung), können die hellen Planeten und hellsten Sterne schon ausgemacht werden. Auf der zweiten, der nautischen Dämmerung, tauchen Sternbilder auf. Rot wird in der Umgebung nun als Grau

Die obersonnigen Planeten

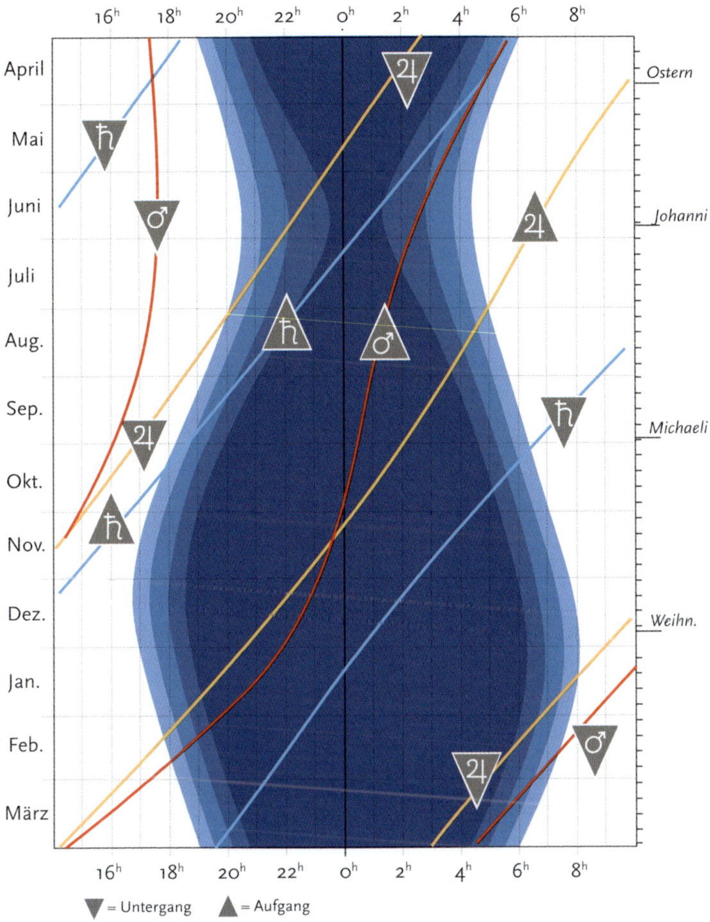

wahrgenommen, während Grün und Blau noch farbig erscheinen. Fällt der Untergang der schwach leuchtenden Planeten Saturn, Mars oder Merkur in diesen Bereich, können sie bei guten Bedingungen wahrgenommen werden, ehe sie der Sonne folgend unter dem Horizont verschwinden. Der dritte Abschnitt der Dämmerung (astronomische Dämmerung) führt in die völlige Nacht. Bei geringem Streulicht und wolkenlosem Himmel ist nun auch die Milchstraße zu sehen.

Auf- und Untergang der Planeten 2026 / 2027

Zeiten in MEZ

	Merkur		Venus		Mars		Jupiter		Saturn	
Datum	Auf-gang	Unter-gang	Auf-gang	Unter-gang	Auf-gang	Unter-gang	Auf-gang	Unter-gang	Auf-gang	Unter-gang
1.4.	5.25	16.24	6.55	20.49	5.41	17.16	11.06	2.55	5.11	17.18
1.5.	4.54	18.18	6.28	22.14	4.28	17.24	9.24	1.08	4.20	16.39
1.6.	5.39	22.02	6.57	23.04	3.15	17.30	7.48	23.20	2.25	14.04
1.7.	6.15	21.09	8.08	22.44	2.13	17.30	6.23	21.41	0.32	13.06
1.8.	3.38	18.52	9.17	21.41	1.25	17.17	4.57	19.59	22.28	11.07
1.9.	6.10	19.27	10.01	20.17	0.52	16.43	3.32	18.15	20.24	8.59
1.10.	8.40	18.45	9.39	18.27	0.26	15.48	2.06	16.32	18.22	6.49
1.11.	8.01	17.19	6.20	16.14	23.53	14.43	0.30	14.41	16.16	4.35
1.12.	6.25	15.57	4.15	14.57	23.06	13.10	22.41	12.49	14.15	2.31
1.1.	8.30	16.38	4.23	14.09	21.44	11.29	20.36	10.47	12.13	0.31
1.2.	8.42	19.08	5.08	13.59	19.24	9.28	18.17	8.39	10.14	22.36
1.3.	6.17	16.33	5.29	14.37	16.36	7.17	16.07	6.41	8.29	21.01
1.4.	6.39	17.46	6.09	16.50	15.04	5.55	14.51	5.33	7.35	20.19

Umrechnung der Auf- und Untergangszeiten

Die Konstellationsangaben sind ortsunabhängig. Es verändern sich jedoch die Auf- und Untergangszeiten mit der geographischen Lage des Beobachters. Die Angaben im Kalender sind für Basel (47 ½° nördl. Breite, 7 ½° östl. Länge) berechnet. Die Umrechnung für andere Orte ergibt sich aus den folgenden Tabellen. Die Korrekturen für die Breite verändern sich im Laufe des Jahres; diejenigen der Länge nicht. Die beiden Werte werden gemäß ihren Vorzeichen von den Kalenderangaben abgezogen oder ihnen zugezählt.

Beispielrechnung

	Kalender-angaben	Korrektur der geogr. Breite	Korrektur der geogr. Länge	Ergebnis
Sonnenaufgang für Stockholm 21.6.2026, 60° n. Br., 18° ö. L. Sonne bei 90° Länge	$5^h\,32^m$	$+87^m$	-42^m	$6^h\,17^m$
Mondaufgang für Arnheim 29.6.2026, 52° n. Br., 6° ö. L. Mond bei ca. 270° Länge	$21^h\,45^m$	$+21^m$	$+6^m$	22^h12^m

Zeitkorrekturen für die geographische Breite

A = Vorzeichen für Aufgang, U = für Untergang

Nördliche Breite	60°	54°	52°	50°	47,5°	46°
Sonne am 21.12., Mond und Planeten bei 270° Länge A min U	+77−	+32−	+21−	+11−	0	−6+
Sonne am 21.1., Mond und Planeten bei 300° Länge A min U	+60−	+26−	+17−	+9−	0	−5+
Sonne am 21.2., Mond und Planeten bei 330° Länge A min U	+27−	+12−	+8−	+4−	0	−2+
Sonne am 21.3., Mond und Planeten bei 0° Länge A min U	0	0	0	0	0	0
Sonne am 21.4., Mond und Planeten bei 30° Länge A min U	−35+	−15+	−10+	−5+	0	+3−
Sonne am 21.5., Mond und Planeten bei 60° Länge A min U	−69+	−29+	−19+	−10+	0	+6−
Sonne am 21.6., Mond und Planeten bei 90° Länge A min U	−87+	−35+	−23+	−12+	0	+7−

Korrekturen für geographische Länge

jahreszeitlich unverändert

Östliche Länge	5°	6°	7,5°	9°	10°	11°	12°	13°	14°	16°
Minuten	+10	+6	0	−6	−10	−14	−18	−22	−26	−34

Helligkeit der Planeten im Jahreslauf

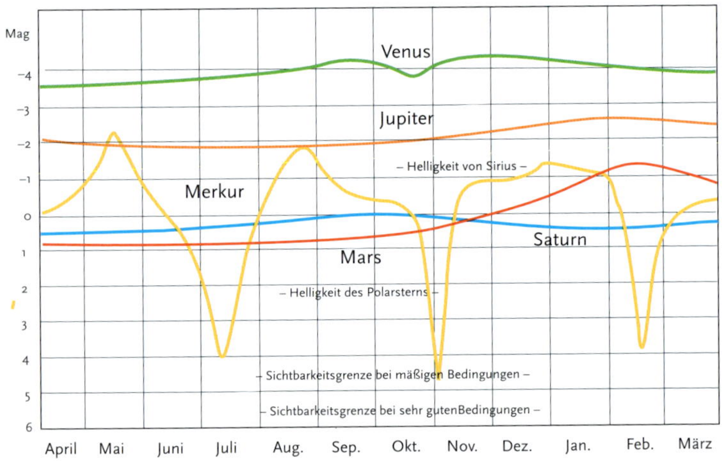

Das Maß der Helligkeit von Gestirnen stammt von Hipparchos, der die Sterne in sechs Helligkeitsklassen teilte. Sterne 1. Größe sind die hellsten, Sterne 6. Größe gerade noch sichtbar (entspricht dem Kerzenlicht in 11 km Distanz). 1859 entdeckten Weber und A. Fechner, dass das Maß der Sinnesempfindung logarithmisch läuft. Aus der Akustik ist es vertraut: Um einen Chor doppelt so laut zu empfinden, braucht man zehnmal so viele Singende. Das gilt auch visuell, weshalb nach Hipparchos' Sterngrößen die Definition gilt, bei der die Differenz einer Größe der 2,5-fachen Leuchtstärke entspricht. Ein Stern 5. Größe ist 2,5-mal so hell wie ein Stern 6. Größe. Ein Stern 4. Größe ist ca. $2{,}5 \cdot 2{,}5 = 6{,}25$-mal so hell wie ein Stern 6. Größe etc. Ein Stern 1. Größe ist $2{,}5^5 = 100$-mal so hell wie ein Stern 6. Größe.

Gut zu sehen ist, wie Mars und Jupiter fast zur gleichen Zeit ihre maximale Helligkeit erreichen.

Geschwindigkeit der Planeten im Jahreslauf

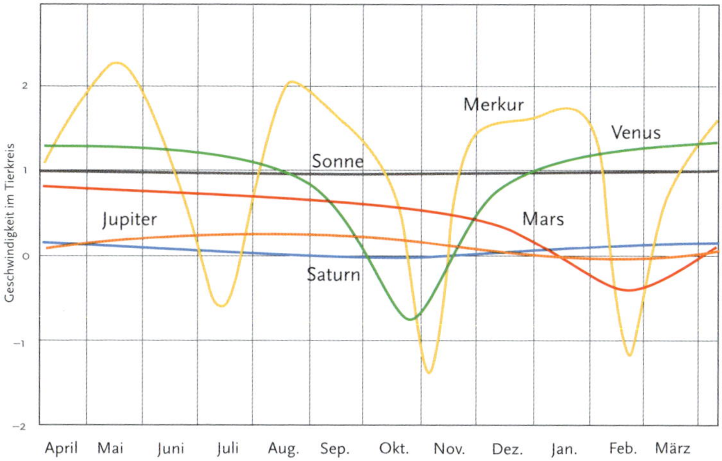

Die ‹1› auf der senkrechten Achse entspricht der Bewegung der Sonne. Sie wandert ein Grad pro Tag weiter. ‹0› bedeutet Stillstand des Planeten bezüglich des Sternenhintergrunds, negative Werte rückläufige Bewegung. Jupiter benötigt zwölf Jahre für seinen Umlauf, sodass er zwölfmal langsamer wandelt als die Sonne. Merkur zeigt die größten Geschwindigkeitsschwankungen, die allerdings unsichtbar bleiben, da Merkur nur selten zu sehen ist. Selbst während seiner kurzen Sichtbarkeitsperioden ist der Geschwindigkeitsverlauf nicht leicht zu beobachten, weil in der Dämmerung die Sterne als Vergleich noch nicht zu sehen sind.

Die Abbildung zeigt, dass die untersonnigen Planeten weitaus dynamischer wandern als die obersonnigen. Venus ist im Oktober rückläufig, Mars im Februar.

Geozentrische Bewegung von Sonne und Planeten

Von der irdischen Perspektive stehen die Planeten in wechselnder Distanz zur Erde. Je näher ein Planet ihr ist, wie Venus und Mars, desto ausgeprägter ist dieser Atem von nah und fern. Befindet sich ein Planet in Erdnähe, so kommt es zu dem perspektivischen Phänomen der Rückläufigkeit. Mit einem Mal bricht der Planet von seinem gewöhnlichen Lauf aus und beginnt nach kurzem Stillstand rückwärts zu laufen, um bald darauf erneut stillzustehen und wieder die normale Fahrt aufzunehmen. Häufig wird eingewendet, dass die Schleifen keine Wirklichkeit besitzen, weil sie «nur» aus irdischer Perspektive sichtbar sind. Dabei wird vergessen, dass sie als Phänomen von der Beziehung zwischen Erde und jeweiligem Planet erzählen.

Die Zahlen an den Planetenbahnen kennzeichnen die Stellung am 1. des jeweiligen Monats. Für die Gradmessung gilt der Frühlingspunkt der Sonne als Nullmarke. Die Sonne erreicht diesen Ort jeweils am 20./21. März. Der Zeitraum bis zur Rückkehr der Sonne bis zu diesem Punkt heißt:

Tropisches Jahr = 365,24220d = 365d 5h 48m 45,2s.

Da sich der Frühlingspunkt stetig gegenüber den Fixsternen verschiebt, ist vom tropischen Jahr das siderische zu unterscheiden, nach dessen Ablauf die Sonne jeweils in die gleiche Stellung zum Fixsternhimmel zurückkommt:

Siderisches Jahr = 365,25636d = 365d 6h 9m 10,7s.

Die geozentrischen Längen (λ) und die Breiten (β), das heißt die nördlichen und südlichen Abweichungen von der Ekliptik, und die wechselnden Entfernungen (D) der Planeten von der Erde sind in der folgenden geozentrischen Ephemeride auf Seite 150 f. angegeben. Saturn ist dabei doppelt so weit von der Erde entfernt wie Jupiter.

Geozentrische Bewegung von Sonne und Planeten

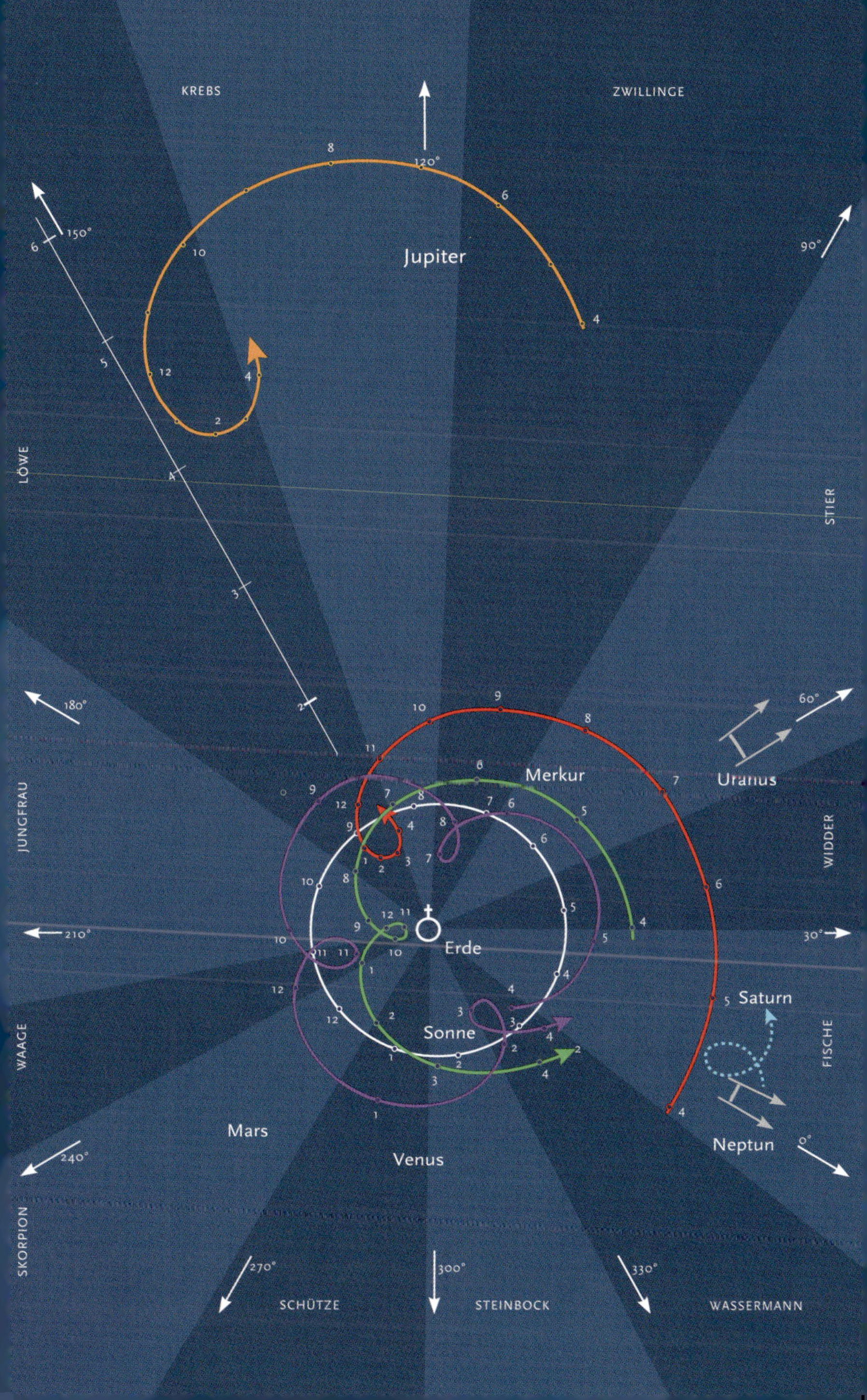

Heliozentrische Bewegung von Erde und Planeten

Die Planeten laufen um die Sonne auf annähernden Ellipsen, die beinahe Kreise sind. Setzt man die große Halbachse dieser Bahnellipsen auf 100, dann hat die kleine Halbachse der einzelnen Planeten eine Länge von:

Planet	
Merkur	97,863
Venus	99,997
Erde	99,986
Mars	99,535
Jupiter	99,883
Saturn	99,845

Legende zur Zeichnung

P Perihel, hier steht der Planet der Sonne am nächsten.

A Aphel, hier steht der Planet der Sonne am fernsten.

☊ Aufsteigender Knoten, hier hebt sich ein Planet über die Ekliptikebene. Stünde er jetzt bei der Sonne, würde er oberhalb von ihr laufen.

☋ Absteigender Knoten, hier senkt sich ein Planet unterhalb der Ekliptikebene.

Am Bildrand ist die Einteilung 0° bis 360° nach heliozentrischen Längen angegeben. Die Zahlen innerhalb der Planetenbahnen zeigen den Ort am 1. des jeweiligen Monats.

Die heliozentrische Ephemeride bringt für Merkur, Venus, Erde, Mars, Jupiter und Saturn zu konstanten Zeitintervallen im Jahreslauf die heliozentrischen Längen λ; ferner die heliozentrischen Breiten β, das heißt die Winkel über bzw. unter der Ekliptik infolge der Neigung der Planetenbahnen, und schließlich die Länge der Radienvektoren r, das sind die Planetenentfernungen von der Sonne, in Dezimalstellen der mittleren Sonne–Erde-Entfernung = 1 ausgedrückt. Saturn ist dabei ca. 10-mal so weit von der Sonne entfernt wie die Erde.

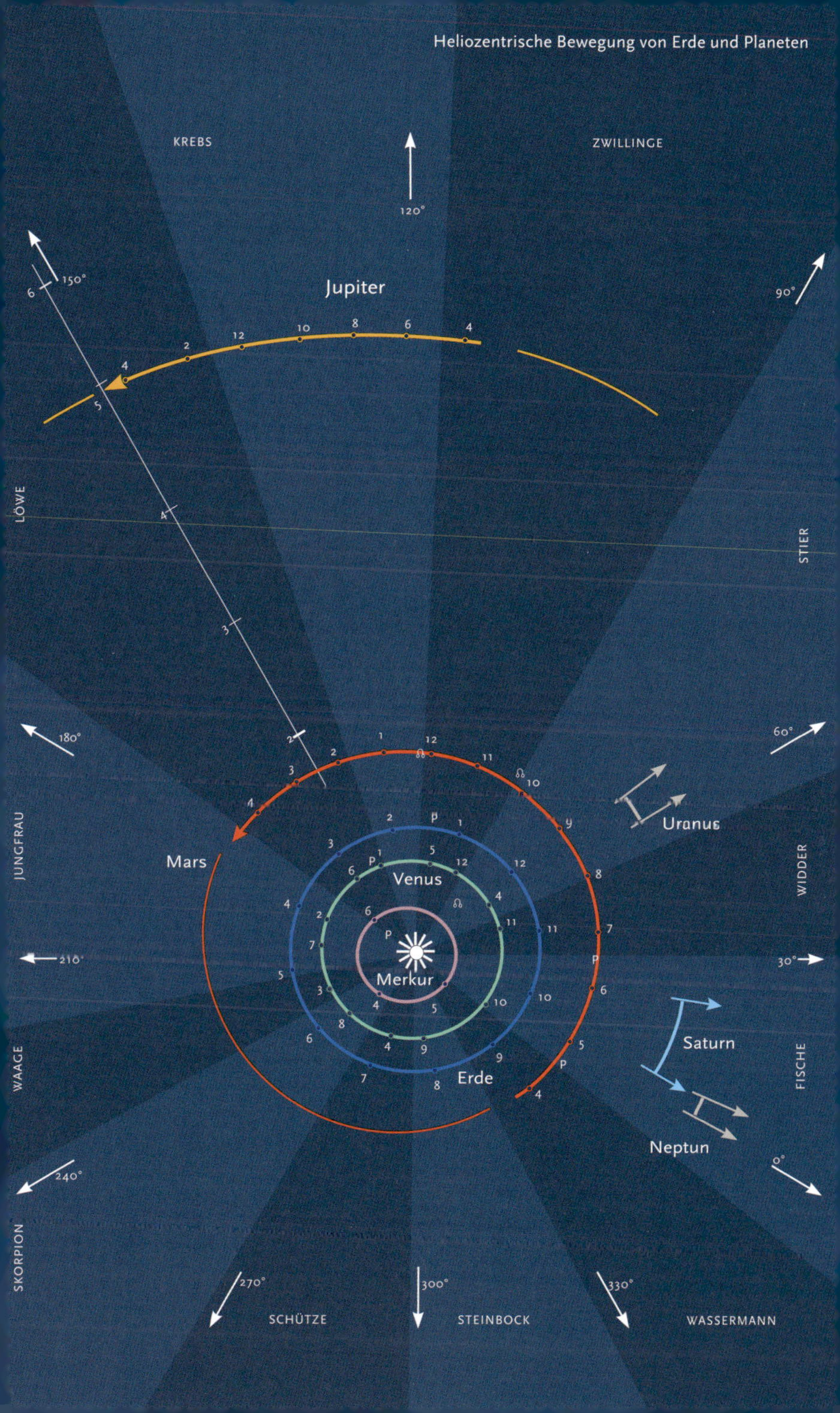
Heliozentrische Bewegung von Erde und Planeten
KREBS
ZWILLINGE
120°
150°
90°
Jupiter
LÖWE
STIER
180°
60°
JUNGFRAU
WIDDER
Mars
Venus
Uranus
Merkur
Erde
Saturn
Neptun
210°
30°
WAAGE
FISCHE
240°
0°
SKORPION
270°
300°
330°
SCHÜTZE
STEINBOCK
WASSERMANN

Der Mondlauf

Die mit dem Mondlauf verknüpften Erscheinungen vollziehen sich in verschiedenen Rhythmen: so der Zyklus der Mondphasen, die Mondwanderung durch die Sternbilder des Tierkreises, die periodische Rückkehr zu den Mondknoten als Kreuzungsstellen der Mondbahn mit der Ekliptik oder auch der Wechsel zwischen Erdnähe und -ferne. Alle diese Perioden durchdringen sich in stetem Wechsel, sodass ein Gewebe sich ändernder Verhältnisse entsteht. Es gleicht kein Monatslauf dem nächsten. Die wesentlichen Mondrhythmen, die aber um bis zu 10 Stunden schwanken können, sind:

1. *Synodischer Monat* = 29,53 Tage entspricht: $29^d\ 12^h\ 44^m$
   Die Wiederkehr der gleichen Mondphase (Lunation)
2. *Siderischer Monat* = 27,32 Tage = $27^d\ 7^h\ 43^m$
   Die Rückkehr zu den gleichen Sternen im Tierkreis
3. *Tropischer Monat* = 7^s kürzer als der siderische Monat
   Die Rückkehr zum Frühlingspunkt der Erde
4. *Drakonitischer Monat* = 27,21 Tage = $27^d\ 5^h\ 6^m$
   Die Wiederkehr der Stellung am gleichen Mondknoten
5. *Anomalistischer Monat* = 27,55 Tage = $27^d\ 13^h\ 19^m$
   Der Rhythmus von Erdnähe (Perigäum) und Erdferne (Apogäum)

Wie man sieht, sind insbesondere die Rhythmen 2 bis 5 von nahezu gleicher Größe. Die geringen Unterschiede summieren sich jedoch beständig und führen zu Variationen der gegenseitigen Verhältnisse.

Jahresüberblick Planeten

Merkur mit Jupiter und Venus

Merkur ist im Kalenderzeitraum zweimal abends sichtbar: Mai/Juni 2026 und Januar/Februar 2027. Im Juni steht Merkur in einer eindrucksvollen Reihe mit Jupiter und Venus. Morgens ist er sichtbar im November/Dezember 2026. Die Abbildung zeigt die Verbindung der täglichen Abstände zur

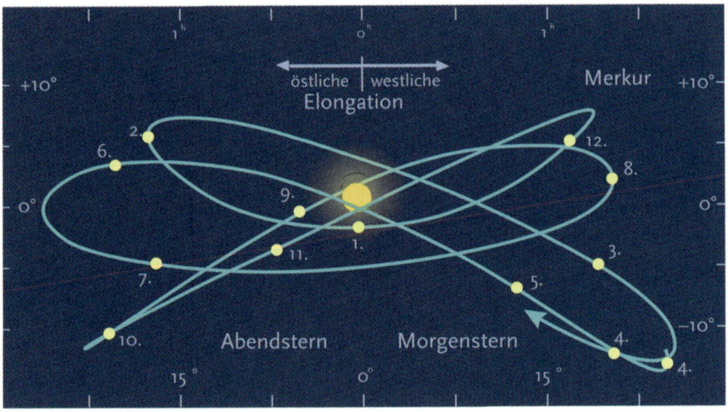

Sonne (im Äquatorialsystem). Beim Wechsel von der morgendlichen Sichtbarkeit zur abendlichen zieht der Planet hinter der Sonne her, er steht in oberer Konjunktion zur Sonne. Beim Wechsel von der östlichen zur westlichen Elongation, von der Abendsichtbarkeit zur Morgensichtbarkeit, zieht der Planet vor der Sonne her und beschreibt seine Schleife. Innerhalb der Schleifenbewegung steht er zum zweiten Mal in Konjunktion mit der Sonne, die man ‹untere Konjunktion› nennt. Die Schleifen treten gewöhnlich dreimal im Jahr auf.

Zur Liebe gehört Mut – Venus im Löwen

Venus stürmt im Frühjahr am Abendhimmel im Westen empor, und erreicht Ende Mai/Anfang Juni ihren höchsten

Stand von fast 25° über dem Horizont bei Sonnenuntergang. Anfang Juni läuft Venus eindrucksvoll an Jupiter vorbei und bildet mit den beiden Hauptsternen der Zwillinge eine Vierer-Konstellation. Am 9. Juli besucht Venus Regulus und zieht durch den Löwen. Ist dieser Lauf Auftakt der Sonnenfinsternis im August? Bei der Sonnenfinsternis am 12. August ist Venus sichtbar, wie sie Spica zustrebt. Am 1. September steht sie dicht unterhalb der ‹Ähre› und verschwindet am 26. September im Sonnenglanz. Nach der Konjunktion mit der Sone am 24. Oktober wird Venus eine Woche später

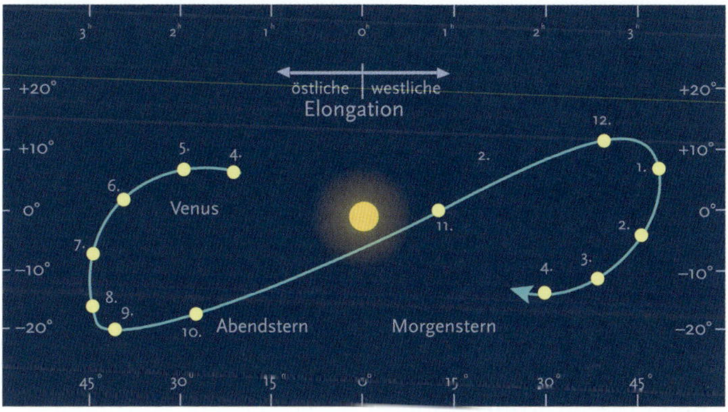

am Morgenhimmel sichtbar und steht am 7. November mit der Mondsichel erneut bei Spica. Dabei umrundet Venus den Stern, was für ein seltenes Ereignis!

Venus stürmt bis Weihnachten 2026 empor, um daraufhin sich langsam wieder zu senken und im Frühjahr über Monate am Horizont parallel südwärts zu wandern.

Mars verabschiedet sich im Löwen

Mars wird zum Sommerbeginn sichtbar und zieht im Juli durch Stier, Zwillinge und Krebs. Im November beginnt dann das Fest im Löwen mit Jupiter. Die Planetenschleifen der beiden Planeten liegen gemeinsam im Löwen und so kommt es zu einer Fülle von Konstellationen mit Regulus.

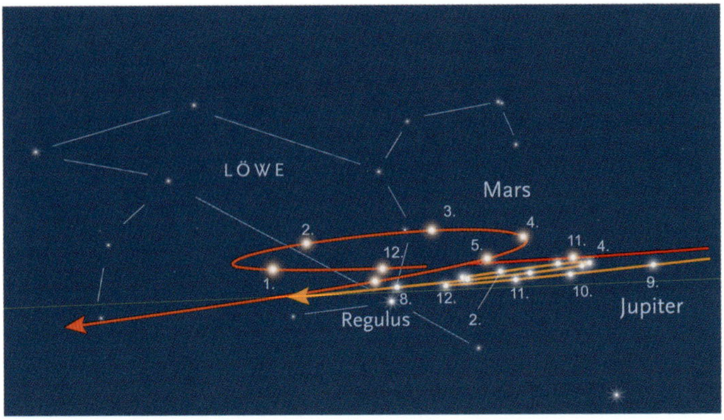

Die Marsschleife beginnt am 11. Januar und endet am 1. April. Seine Opposition zur Sonne hat Mars am 19. Februar erreicht. Mars läuft auf einer ausgeprägten elliptischen Bahn und im Löwen ist der fernste Punkt der Ellipse. Deshalb nähert sich Mars nur auf 100 Millionen Kilometer an die Erde an, wenn er alle 15 Jahre seine Erdnähe im Löwen hat.

Jupiter beim Herz des Löwen

Jupiter ist im Frühjahr abends sichtbar, wie er von den Zwillingen in den Krebs wandert. Er verschwindet Anfang Juli im Sonnenglanz und zeigt sich zur Sonnenfinsternis am 12. August wieder am Morgenhimel. Jetzt wandert der Planet der Erkenntnis Richtung Löwe und führt mit Mars ein Feuerwerk an Konjunktionen mit Regulus, Mond und Mars durch. Mars als Respräsentant des Willens und Jupiter als Planet des Denkens klingen Tag für Tag mit Regulus, dem Herzstern des Tierkreises aufs Neue zusammen. Am 13. Dezember beginnt Jupiter seine Rückläufigkeit und steht am 11. Februar in Opposition zur Sonne. Die Rückläufigkeit endet am 13. April.

Saturn in lichtarmer Region

Nach seiner Konjunktion mit der Sonne erscheint Saturn ab 19. Mai am östlichen Morgenhimmel in der lichtarmen Re-

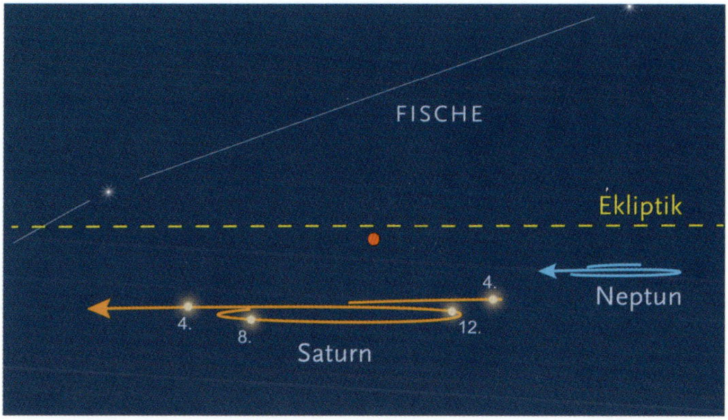

gion der Fische. Am 27. Juli wird der ferne Planet rückläufig und erreicht am 4. Oktober seine Opposition zur Sonne. Er ist rückläufig bis 11. Dezember.

Uranus bei den Plejaden

steht am 22. Mai hinter der Sonne und wandert dann im Juli auf die Plejaden im Stier zu. So findet man Uranus zwischen Aldebaran und dem Plejaden-Sternhaufen. Am 10. September wird der ferne Planet rückläufig bis 8. Februar 2026 und steht am 25. November in Opposition zur Sonne.

Neptun am Frühlingspunkt

Neptuns Schleife beginnt am 8. Juli und endet am 12. Dezember 2026. Am 26. September 2026 steht er in Opposition zur Sonne. Am 25. März 2027 steht er hinter der Sonne.

Pluto

Pluto wandert im Schützen. Seine Schleifenbewegung beginnt er am 6. Mai 2026 und beendet sie am 16. Oktober 2026. In Opposition zur Sonne steht er am 27. Juli. Am 25. Januar 2027 steht Pluto hinter der Sonne und wird am 8. Mai 2027 rückläufig.

Finsternisse

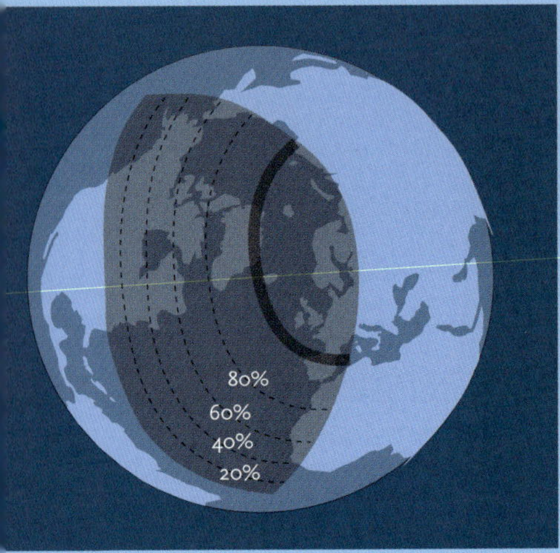

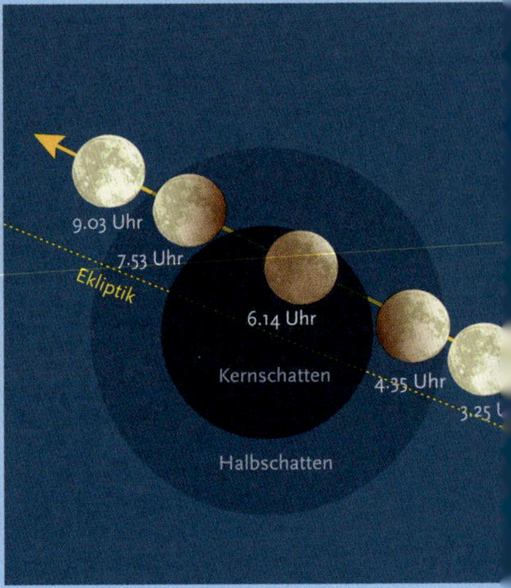

Totale Sonnenfinsternis am 12. August 2026 (in Europa sichtbar)

Nach 27 Jahren ist wieder eine Sonnenfinsternis in Europa zu sehen – von Island oder Spanien aus! Dabei ist in Spanien die Wahrscheinlichkeit eines klaren Himmels weitaus größer als im nordischen Island. Dort herrscht zu 78% bewölkter Himmel, auf dem spanischen Festland nur zu 20%. Die spanische Ostküste und die Inseln sind für die Beobachtung nicht gut geeignet, weil dort die Sonne zur Totalität weniger als 5° über dem Horizont steht und die Bewölkungswahrscheinlichkeit über 30% liegt. Auch an der Atlantikküste ist die Wahrscheinlichkeit groß, dass sich an den Hängen des Kantabrischen Gebirges Wolken bilden. Die besten Bedingungen sind im Landesinneren. Dort dauert die Finsternis 1 Minute und 43 Sekunden und die Sonne steht 8° über dem Horizont. Detaillierte Angaben sind auf den August-Seiten zu finden.

Partielle Mondfinsternis am 28. August 2026 (in Europa teilweise sichtbar)

Zwei Wochen nach der Sonnenfinsternis ereignet sich die partielle Mondfinsternis. 96% der Mondscheibe sind beschattet. Der verdunkelte Mond ist von Europa horizontnah nur im ersten Teil zu sehen, weil kurz nach der maximalen Verdunklung um 6.13 Uhr der Mond untergeht.

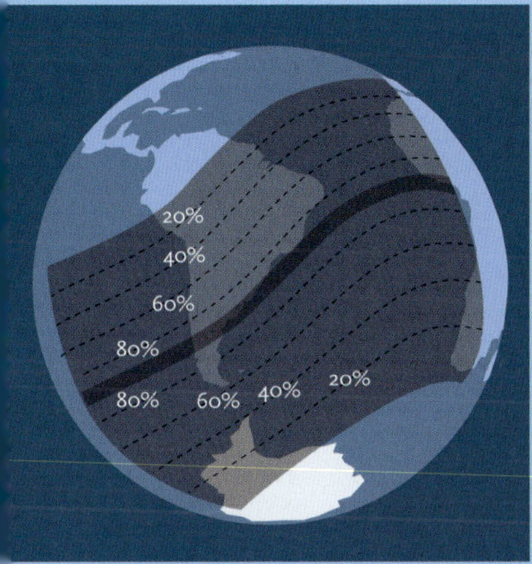

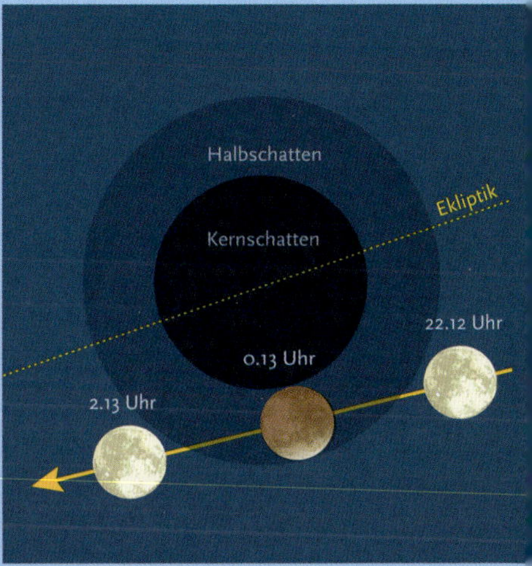

Ringförmige Sonnenfinsternis am 6. Februar 2027 (in Europa nicht sichtbar)

Die ringförmige Sonnenfinsternis ist im südöstlichen Pazifik zu sehen und überstreicht dann Südchile und Südargentinien. Dann wandert der Pfad durch den Südatlantik und endet an der afrikanischen Westküste. Die Sonnenfinsternis ist ringförmig, weil der Mond zur Zeit der Finsternis der Erde recht fern steht und deshalb zu klein ist, um die ganze Sonne zu bedecken. 13,5% der Sonnenfläche bleiben frei, sodass ein Achtel des Sonnenlichts doch die Erde erreicht.

Halbschattenfinsternis des Mondes am 20.–21. Februar 2027 (in Europa sichtbar)

Der Mond läuft durch den Halbschatten der Erde. Das führt nur zu einer schwachen Verdunklung. Diese ist von ganz Europa aus zu beobachten.

Die Planeten in Bild und Zahl

Merkur

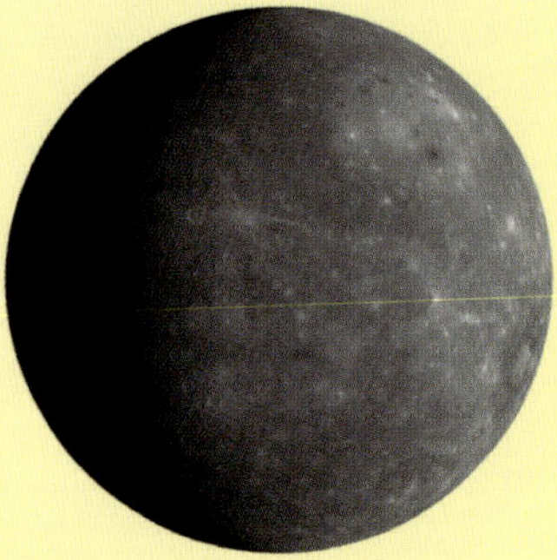

Merkur in natürlichen Farben, beim Anflug der Raumsonde MESSENGER

Größenvergleich:

Bahneigenschaften	
Große Halbachse	0,387 AE = 57,9 Mio. km
Perihel – Aphel	0,307 – 0,467 AE
Exzentrizität	0,2056
Neigung der Bahn	7,00°
Siderische Umlaufszeit	87,969 d
Synodische Umlaufszeit	115,88 d
Orbitalgeschwindigkeit	47,87 km/s
Erdnähe – Erdferne	0,517 – 1,483 AE
Physikalische Eigenschaften	
Äquator-Poldurchmesser	4.879 – 4.879 km
Dichte	5,427 g/cm^3
Rotationsperiode	$58^d\ 15^h\ 36^m$
Neigung der Achse	0,01°
Albedo	0,106
Visueller Durchmesser	12,2“
Atmosphärischer Druck	10^{-15} bar
Temperatur	–173 – +427° C

Venus

Radarkarte aufgenommen durch die Raumsonde Magellan

Größenvergleich:

Bahneigenschaften	
Große Halbachse	0,723 AE = 108 Mio. km
Perihel – Aphel	0,718 – 0,728 AE
Exzentrizität	0,0068
Neigung der Bahn	3,395°
Siderische Umlaufszeit	224,701 d
Synodische Umlaufszeit	583,92 d
Orbitalgeschwindigkeit	35,02 km/s
Erdnähe – Erdferne	0,256 – 1,744 AE
Physikalische Eigenschaften	
Äquator-Poldurchmesser	12.103 – 12.103 km
Dichte	5,243 g/cm^3
Rotationsperiode	$243^d\ 27^m$
Neigung der Achse	177,36°
Albedo	0,65
Max. Helligkeit	$-4{,}6^m$
Atmosphärischer Druck	92 bar
Temperatur	437 – 497° C

Mars

Die Daten für das computergenerierte Bild stammen vom Mars Global Surveyor

Größenvergleich:

Bahneigenschaften	
Große Halbachse	1,524 AE = 228 Mio. km
Perihel – Aphel	1,381 – 1,666 AE
Exzentrizität	0,0935
Neigung der Bahn	1,850°
Siderische Umlaufszeit	686,980 d
Synodische Umlaufszeit	779,94 d
Orbitalgeschwindigkeit	24,13 km/s
Erdnähe – Erdferne	0,372 – 2,683 AE
Physikalische Eigenschaften	
Äquator-Poldurchmesser	6.792 – 6.752 km
Dichte	3,933 g/cm^3
Rotationsperiode	$24^h\ 37^m\ 22^s$
Neigung der Achse	25,19°
Albedo	0,15
Max. Helligkeit	$-2,9^m$
Atmosphärischer Druck	$6 \cdot 10^{-3}$ bar
Temperatur	–133 – +27° C
Anzahl der Monde	2

Jupiter

Jupiter fotografiert von der Sonde Voyager II

Größenvergleich:

Bahneigenschaften	
Große Halbachse	5,203 AE = 778 Mio. km
Perihel – Aphel	4,95 – 5,46 AE
Exzentrizität	0,0484
Neigung der Bahn	1,305°
Siderische Umlaufszeit	$11,86^a$
Synodische Umlaufszeit	398,88 d
Orbitalgeschwindigkeit	13,07 km/s
Erdnähe – Erdferne	3,934 – 6,471 AE
Physikalische Eigenschaften	
Äquator-Poldurchmesser	142.984 – 133.708 km
Dichte	1,326 g/cm^3
Rotationsperiode	$9^h\ 55,5^m$
Neigung der Achse	3,13°
Albedo	0,52
Max. Helligkeit	$-2,94^m$
Mond	67 + Ringsystem
Temperatur	–108° C

Saturn

Saturn fotografiert
von der Raumsonde Cassini

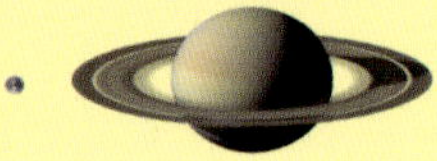

Größenvergleich:

Bahneigenschaften	
Große Halbachse	9,582 AE = 1,43 Mrd. km
Perihel – Aphel	9,041 – 10,123 AE
Exzentrizität	0,05648
Neigung der Bahn	2,484°
Siderische Umlaufzeit	$29{,}457^{a}$
Synodische Umlaufzeit	$378{,}09^{d}$
Orbitalgeschwindigkeit	9,69 km/s
Erdnähe – Erdferne	7,991 – 11,086 AE
Physikalische Eigenschaften	
Äquator-Poldurchmesser	120.536 – 108.728 km
Dichte	0,687 g/cm^3
Rotationsperiode	$10^{h}\ 47^{m}$
Neigung der Achse	26,73°
Albedo	0,47
Max. Helligkeit	$-0{,}2^{m}$
Temperatur	–139° C
Anzahl der Monde	62 + Ringsystem

Uranus

Uranus fotografiert
durch Voyager 2, 1986

Größenvergleich:

Bahneigenschaften	
Große Halbachse	19,2 AE = 2,87 Mrd. km
Perihel – Aphel	18,324 – 20,078 AE
Exzentrizität	0,0472
Neigung der Bahn	0,770°
Siderische Umlaufzeit	$84{,}011^{a}$
Synodische Umlaufzeit	369,66 d
Orbitalgeschwindigkeit	6,81 km/s
Erdnähe – Erdferne	17,259 – 21,105 AE
Physikalische Eigenschaften	
Äquator-Poldurchmesser	51.118 – 49.946 km
Dichte	1,27 g/cm^3
Rotationsperiode	$17^{h}\ 14^{m}\ 24^{s}$
Neigung der Achse	97,77°
Albedo	0,51
Max. Helligkeit	$5{,}6^{m}$
Temperatur	–197° C
Anzahl der Monde	27 + Ringsystem

Neptun

Neptun fotografiert von der Sonde Voyager 2

Größenvergleich:

Bahneigenschaften	
Große Halbachse	30,047 AE = 4,5 Mrd. km
Perihel – Aphel	29,71 – 30,39 AE
Exzentrizität	0,0113
Neigung der Bahn	1,769°
Siderische Umlaufszeit	$164{,}79^{a}$
Synodische Umlaufszeit	$367{,}49^{d}$
Orbitalgeschwindigkeit	5,43 km/s
Erdnähe – Erdferne	28,783 – 31,333 AE
Physikalische Eigenschaften	
Äquator-Poldurchmesser	49.528 – 48.682 km
Dichte	1,638 g/cm^3
Rotationsperiode	$15^{h}\ 57^{m}\ 59^{s}$
Neigung der Achse	28,32°
Albedo	0,41
Max. Helligkeit	$7{,}8^{m}$
Temperatur	– 201° C
Anzahl der Monde	14 + Ringsystem

Heliozentrische Ephemeride Erde 2026/2027

Heliozentrische Längen (λ) und Distanzen (r = Radien) (in Dezimalstellen der mittleren Sonne–Erde-Entfernung = 1 =149,60 Mio. Kilometer). Die Breiten (β) sind für die Erde = 0. Angaben für 0 Uhr Weltzeit = 1h MEZ.

Datum	λ °	'	r	Datum	λ °	'	r
1. April	191	17	0.999	13. Okt.	19	41	0.998
16. April	206	1	1.003	28. Okt.	34	35	0.994
1. Mai	220	39	1.007	12. Nov.	49	37	0.990
16. Mai	235	10	1.011	27. Nov.	64	45	0.987
31. Mai	249	35	1.014	12. Dez.	79	58	0.985
15. Juni	263	56	1.016	27. Dez.	95	14	0.983
30. Juni	278	15	1.017	11. Jan.	110	31	0.983
15. Juli	292	33	1.016	26. Jan.	125	47	0.984
30. Juli	306	53	1.015	10. Feb.	141	1	0.987
14. Aug.	321	15	1.013	25. Feb.	156	9	0.990
29. Aug.	335	42	1.010	12. März	171	11	0.993
13. Sept.	350	14	1.006	27. März	186	6	0.998
28. Sept.	4	54	1.002	11. April	200	54	1.002

Kalenderjahr und Osterregel

Der römische Abt Dionysios der Skythe führte 525 als Erster die Zählung «ab Incarnatione Domini» ein. Um 600 verbreitete sich diese Berechnung über Italien hinaus. Doch erst nach 900 wurde die Datierung «nach Christi Geburt» allgemein (zum Beispiel seit 742 in Frankreich, seit 876 in Deutschland, ab 965 durch die Päpste, seit 1700 in Russland).

Entsprechendes gilt für den Jahresbeginn. Das altrömische Bauernjahr begann im März. Erst mit der Einführung des Julianischen Kalenders durch Julius Cäsar (46 v. Chr.) wurde der Jahresbeginn in Rom auf den 1. Januar vorverlegt. Obwohl der Julianische Kalender das Mittelalter hindurch maßgebend blieb, bildeten sich in den einzelnen Ländern verschiedene Gebräuche aus. Der Jahresanfang wurde mit Weihnachten, mit dem 25. März oder mit Ostern verknüpft. Der 1. Januar als Neujahrstag hat sich in der Neuzeit immer mehr durchgesetzt; in Frankreich 1563 und in England 1752.

Vergleichbar der Tatsache, dass seit 1975 im öffentlichen Leben der Montag als erster Tag angesehen wird und nicht mehr der Sonntag, der Tag der Auferstehung, sind es auch bei der Festlegung des Jahresanfangs pragmatische Gründe und nicht religiös-spirituelle. In christlichem Verständnis liegt in dem Mysterium von Golgatha das bestimmende Ereignis einer Zeitrechnung. Da dieser Kalender dazu dienen soll, zu einer spirituellen Vertiefung der täglichen Naturanschauung zu kommen, orientiert er sich an dieser Tatsache, setzt den Wochenanfang in christlicher Tradition auf den Sonntag und beginnt entsprechend an Ostern. Für eine esoterisch begründete Jahreszählung lohnt es sich zu bedenken, weniger die Geburt Jesu, sondern vielmehr den Gang des Christus durch den Tod, nach heutiger Anschauung höchstwahrscheinlich im Jahr 33, als das Ereignis, das den Wendepunkt der Zeitrechnung markiert, anzuschauen. Dieses Christusjahr 33 mit dem Ereignis von Golgatha als die «Geburt des Ich-Bewusstseins» (Rudolf Steiner) zu verstehen, gehört zu den christologischen Studienfragen der Anthroposophie und hat zur Folge, neben der etablierten Zählung – Ostern 2026 – auch diese versetzte Zählung im Auge zu behalten. Nach dieser Zählung ist das aktuelle Jahr das Jahr 1993. Für ein spirituelles Miterleben des Jahreslaufes hat Rudolf Steiner die Sprüche seines ‹Seelenkalenders› geschaffen; diese beginnen ebenfalls mit Ostern.

Im jüdischen Kalender beginnt am 12. September 2026 das Jahr 5787. Im islamischen Kalender beginnt am 17. Juni 2026 das Jahr 1448. Im chinesischen Kalender beginnt am 17. Februar 2026 im 78. Zyklus das Jahr des Pferdes im Element Feuer.

Regel der Schaltjahre

Ist die Jahreszahl durch vier teilbar, so ist das Jahr ein Schaltjahr, es wird als 366. Tag der 29. Februar eingefügt. Da das tropische Jahr (Dauer von Frühlingsbeginn bis Frühlingsbeginn) mit 365,24194 Tagen kürzer als 365 ¼ Tage ist, wird bei Jahreszahlen, die durch 100 teilbar sind, kein Schaltjahr gezählt. Ausnahme von dieser Korrekturregel sind Jahreszahlen, die durch 400 teilbar sind, die wiederum als Schaltjahr gelten. Damit ergibt sich eine Genauigkeit, die erst nach 3264 Jahren zu einem Fehler von einem Tag führt. Das Jahr 2026 ist kein Schaltjahr.

Da mit Ausnahme der Schaltjahre das Kalenderjahr mit seinen 365 Tagen ¼ Tag kürzer als das tatsächliche Sonnenjahr ist, rücken mit jedem Jahr die festen Zeitpunkte des Sonnenlaufs – Tagundnachtgleiche, Sommersonnenwende, Wintersonnenwende – entsprechend um ¼ Tag oder 6 Stunden vor. Mit dem Schaltjahr werden die dreimaligen 6-Stunden-Schritte durch einen 18-Stunden-Schritt (Schalttag minus jährliche 6-Stunden-Verschiebung) ausgeglichen. So begann 2026 der Frühling am 20. März um 15.46 Uhr, und 2027 am 20. März um 21.24 Uhr. Im Schaltjahr 2028 springt er wieder zurück auf den 20. März 3.17 Uhr. 2029 beginnt er am 20. März um 9.01 Uhr und 2030 am 20. März um 14.51 Uhr.

Regel des Osterfestzeitpunkts

Das Osterfest ist durch seine kosmische Festsetzung dreifach im Jahreslauf verankert. Der Ostersonntag folgt dem ersten Vollmond nach dem Frühlingsanfang. Somit haben Sonnenlauf, Mondlauf und irdischer Wochenzyklus ihren Anteil am beweglichen Osterfest. Die zeitliche Abfolge, die zum Osterdatum führt: ‹Sonne am Frühlingspunkt – Mond in Vollmondstellung – Sonntag auf der Erde›, gibt im kalendarischen Bild den christlichen Mythos wieder: den Weg des Sonnenwesens zur Erde.

Die beweglichen Feste

	Palmsonntag	Ostern	Himmelfahrt	Pfingsten	1. Advent
2026	29. März	5. April	14. Mai	24. Mai	29. Nov.
2027	21. März	28. März	6. Mai	16. Mai	28. Nov.
2028	9. April	16. April	25. Mai	4. Juni	3. Dez.
2029	25. März	1. April	10. Mai	20. Mai	2. Dez.
2030	14. April	21. April	30. Mai	9. Juni	1. Dez.
2031	6. April	13. April	22. Mai	1. Juni	30. Nov.
2032	21. März	28. März	6. Mai	16. Mai	28. Nov.

Tierkreisbild und Tierkreiszeichen

Mit ‹Tierkreisbild› und ‹Tierkreiszeichen› sind zwei unterschiedliche Einteilungen der Jahresbahn der Sonne und des hinter diesem Pfad liegenden Sternengürtels gemeint. Sie werden oft verwechselt, weil die Bezeichnungen der einzelnen Bereiche oder Bilder, wie ‹Löwe› oder ‹Jungfrau›, sowohl für die Zeichen als auch für die Bilder verwendet werden.

Die Tierkreiszeichen

Die Tierkreiszeichen bilden eine gleichmäßige Teilung der Sonnenbahn zu je 30°. Die Einteilung beginnt mit dem Zeichen ‹Widder› an dem Ort, an dem sich die Sonne zum Frühlingsbeginn befindet. Die Wanderung der Sonne durch den Tierkreis lässt bekannterweise das Zentralgestirn am Tageshimmel höhere und tiefere Tagesbögen beschreiben. Das spiegelt sich im Wechsel der Jahreszeiten auf der Erde. Die angesprochenen 30°-Bereiche entsprechen in diesem Sinne den verschiedenen Tagesbögen. Befindet sich die Sonne im Zeichen Steinbock, beschreibt sie ihren tiefsten Bogen. Steht sie dagegen im Zeichen Krebs, so vollzieht sie ihre höchste Tagesbahn. Widder und Waage stehen demgegenüber für die mittleren Tagesbögen der Sonne, wie sie zur Zeit der Tagundnachtgleiche stattfinden.

Mit der jeweiligen Höhe des Sonnenbogens geben die Zeichen die unterschiedliche Lebenssituation der Erde wieder. Sie sind Ausdruck des sich im Jahreslauf wandelnden Organismus Erde – Sonne. Die Tierkreiszeichen kennzeichnen nicht nur die Höhe des Sonnenbogens, sondern auch dessen Veränderung. So besitzen die Zeichen Zwillinge und Löwe den gleichen Bogen, aber im ersten Fall hat die Sonne aufstrebende Tendenz, während sie beim Löwen im Abstieg begriffen ist. Insofern beziehen sich die Tierkreiszeichen immer

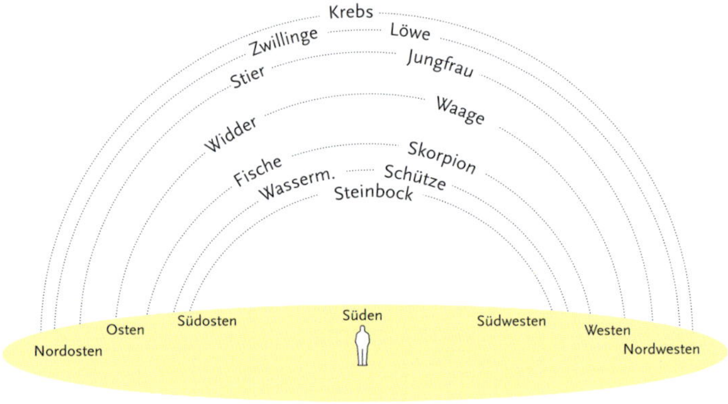

Den einzelnen Tierkreiszeichen entsprechen die unterschiedlichen Tagesbögen im Jahreslauf.

auf ein räumliches Phänomen – astronomisch gefasst in der Höhe des Tagesbogens – und ein zeitliches in der Dynamik von Lichtab- und -zunahme.

Tierkreisbilder

Die Sonne durchwandert im Jahreslauf zwölf Sternbilder, die damit von den übrigen 76 Sternbildern als die Tierkreisbil-

		Grenzen der Zeichen	Grenzen der Bilder
♈	**Widder**	0°–30°	30°–54°
♉	**Stier**	30°–60°	54°–90°
♊	**Zwillinge**	60°–90°	90°–118°
♋	**Krebs**	90°–120°	118°–139°
♌	**Löwe**	120°–150°	139°–174°
♍	**Jungfrau**	150°–180°	174°–220°
♎	**Waage**	180°–210°	220°–238°
♏	**Skorpion**	210°–240°	238°–269°
♐	**Schütze**	240°–270°	269°–299°
♑	**Steinbock**	270°–300°	299°–327°
♒	**Wassermann**	300°–330°	327°–352°
♓	**Fische**	330°–360°	352°–30°

der ausgezeichnet sind. Diese am Nachthimmel sichtbaren Tierkreisbilder bedecken verschieden große Himmelsfelder. Die Waage ist mit 18° das kleinste Bild und die Jungfrau mit 46° die ausgedehnteste Sternenformation. Da zwischen den Tierkreisbildern sternenfreie Bereiche bestehen, sind deren Grenzen nicht exakt zu bestimmen, sondern als Übergangszonen zu betrachten. Die im Sternkalender den Bildern zugeordneten Grenzen ergeben sich daraus, wie die Gestalten der einzelnen Tierkreisbilder in den Sternenumkreis eingebettet sind. Die Verschiebung des Frühlingspunktes durch die Präzession der Erdachse ist in den Tierkreisbildgrenzen berücksichtigt. Deshalb werden sie in diesem Jahr nach etwa 20 Jahren um 0,3° verschoben, um den aufgelaufenen Unterschied auszugleichen.

Um den Lauf des Mondes differenziert verfolgen zu können, ist nachfolgend eine Liste aufgeführt. Sie nennt die markanten Randsterne der einzelnen Tierkreisbilder.

Um zu ermitteln, wann der Mond nach Eintritt in ein Bild den ersten hellen Stern erreicht oder den letzten hellen Stern verlässt, ist zu der jeweiligen Angabe im Kalendarium bei Eintritt in ein Tierkreisbild die angegebene Stundenzahl hinzuzuzählen und bei Austritt entsprechend abzuziehen.

Tierkreisbild	**rechter Randstern**				**linker Randstern**			
Widder	γ	Ari	28,4°	7,2°	δ	Ari	50,9°	1,8°
Stier	ο	Tau	51,2°	–9,3°	ζ	Tau	84,8°	–2,2°
Zwillinge	η	Gem	93,4°	–0,9°	β	Gem	113,2°	6,7°
Krebs	ζ	Cnc	121,3°	–2,3°	α	Cnc	133,6°	–5,1°
Löwe	ξ	Leo	141,6°	–3,2°	β	Leo	171,6°	12,3°
Jungfrau	ν	Vir	174,2°	4,6°	μ	Vir	220,3°	9,7°
Waage	α	Lib	225,1°	0,3°	ϑ	Lib	239,9°	3,5°
Skorpion	β	Sco	243,2°	1,0°	χ	Sco	266,5°	–15,6°
Schütze	γ	Sgr	271,3°	–7,0°	ρ_1	Sgr	289,5°	4,2°
Steinbock	β	Cap	304,0°	4,6°	δ	Cap	323,5°	–2,6°
Wassermann	ε	Aqr	311,7°	8,1°	ϕ	Aqr	347,1°	–1,0°
Fische	β	Psc	348,6°	9,1°	α	Psc	29,4°	–9,1°

Ein Beispiel: Das Tierkreisbild der Waage erstreckt sich von 220° bis 238°. Die Grenzsterne liegen bei etwa 225° und 240°. Wenn der Mond die rechte Grenze überschritten hat (220°), muss er noch 5° wandern, bis er den ersten hellen Stern des Bildes erreicht. Da der Mond durchschnittlich ein halbes Grad pro Stunde läuft, braucht er für diese sternfreie Spanne zwölf Stunden. Durch die elliptische Bahn des Mondes variieren die Daten geringfügig. Im Platonischen Weltenjahr verschiebt sich der Frühlingspunkt mit den an ihn gebundenen Zeichen gegenüber den Sternbildern entgegen der Jahresbewegung der Sonne. Für einen Umlauf benötigt der Frühlingspunkt 25 920 Jahre. Entsprechend befindet er sich durchschnittlich 2160 Jahre in einem Tierkreisbild. Bis etwa 2600 n. Chr. liegt der Frühlingspunkt in den Fischen. Gegenüber der Zeit vor 2000 Jahren, als Zeichen und Sternbild sich nahezu gedeckt haben, besteht heute eine Verschiebung um etwa ein Sternbild. Die Tierkreisabbildung auf der nächsten Seite zeigt, wie Tierkreisbilder und Tierkreiszeichen in der Gegenwart gegeneinander verrückt sind, es aber immer noch einige Tage im Jahr gibt, an denen sich die Sonne noch im gleichen Bild und Zeichen aufhält. Dies gilt zum Beispiel vom 12. bis 21. März und vom 15. bis 22. September. Dann befindet sich die Sonne sowohl im Bild als auch im Zeichen der Fische beziehungsweise der Jungfrau.

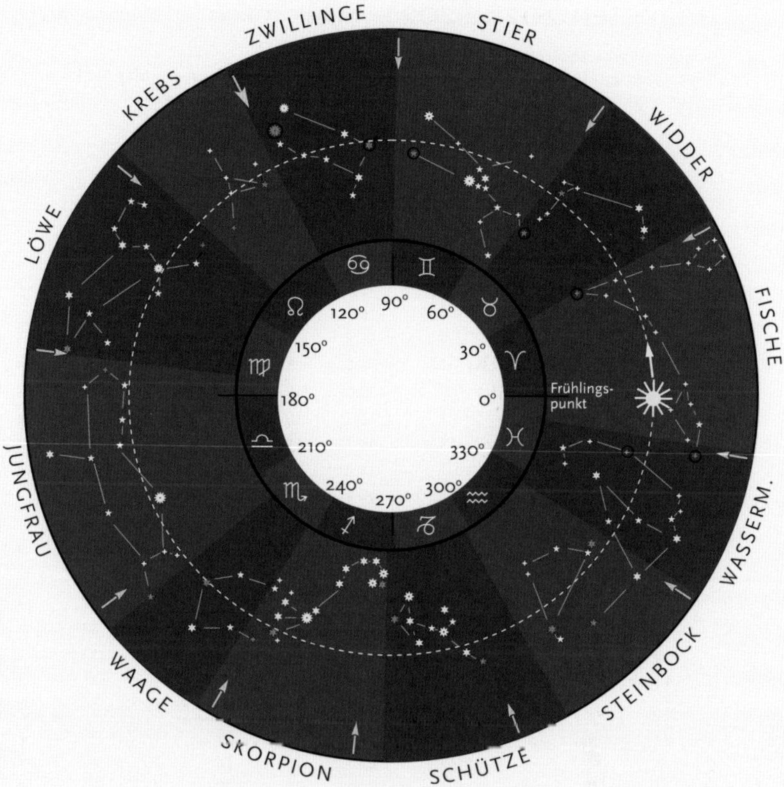

Die gestrichelte Linie zeigt den Lauf der Sonne, der innere Kreis kennzeichnet die Tierkreiszeichen, der äußere die Tierkreisbilder, wie sie im Sternkalender berücksichtigt werden. Die Grenzsterne der Bilder sind in oranger Farbe dargestellt. Die Pfeile entsprechen der Festlegung der Astronomischen Union.

Planeten 2026 / 2027

Geozentrische äquatoriale Koordinaten der Planeten
Rektaszension (AR) und Deklination (d) für 0h = 1h MEZ – Magnitudo (Mag.) = Sterngröße; zum Vergleich: Sirius –1.6; Wega +0.1, Capella +0.2, Pollux und Antares +1.2

Merkur

Datum	AR		d		Mag.
	h	m	°	'	
1.4.	23	2	- 7	37	+0.4
11.4.	23	43	- 4	25	+0.1
21.4.	0	36	+ 1	5	-0.2
1.5.	1	39	+ 8	14	-0.8
11.5.	2	55	+16	10	-1.8
21.5.	4	23	+22	47	-1.6
31.5.	5	49	+25	32	-0.6
10.6.	6	56	+24	37	+0.1
20.6.	7	38	+21	44	+0.9
30.6.	7	51	+18	42	+2.1
10.7.	7	35	+17	6	+4.5
20.7.	7	11	+17	43	+3.1
30.7.	7	17	+19	34	+0.8
9.8.	8	4	+20	13	-0.7
19.8.	9	20	+17	8	-1.4
29.8.	10	37	+10	33	-1.7
8.9.	11	45	+ 2	46	-0.8
18.9.	12	44	- 4	49	-0.3
28.9.	13	37	-11	33	-0.1
8.10	14	25	-16	60	-0.0
18.10	15	1	-20	27	+0.1
28.10	15	7	-20	9	+1.4
7.11	14	28	-14	8	+3.8
17.11	14	18	-11	18	-0.2
27.11	14	58	-14	52	-0.6
7.12	15	56	-19	32	-0.6
17.12	17	0	-23	5	-0.7
27.12	18	9	-24	46	-1.0
6.1.	19	19	-24	12	-1.2
16.1.	20	30	-21	7	-1.0
26.1.	21	36	-15	36	-0.9
5.2.	22	23	- 9	14	-0.3
15.2.	22	17	- 7	4	+3.1
25.2.	21	39	-10	42	+2.4
7.3.	21	34	-13	21	+0.6
17.3.	22	4	-12	48	+0.2
27.3.	22	51	- 9	35	+0.0
6.4.	23	46	- 4	11	-0.3
16.4.	0	49	+ 3	2	-0.8
26.4.	2	1	+11	31	-1.8

Venus

Datum	AR		d		Mag.
	h	m	°	'	
1.4.	1	59	+11	38	-3.9
16.4.	3	10	+17	57	-3.9
1.5.	4	26	+22	34	-3.9
16.5.	5	44	+24	53	-4.0
31.5.	7	3	+24	34	-4.0
15.6.	8	18	+21	44	-4.0
30.6.	9	28	+16	50	-4.1
15.7.	10	32	+10	28	-4.1
30.7.	11	31	+ 3	19	-4.2
14.8.	12	24	- 3	59	-4.3
29.8.	13	12	-10	53	-4.4
13.9.	13	51	-16	42	-4.5
28.9.	14	13	-20	33	-4.5
13.10.	14	7	-20	51	-4.3
28.10.	13	37	-16	18	-4.1
12.11.	13	22	-10	54	-4.5
27.11.	13	38	- 9	13	-4.7
12.12.	14	16	-10	53	-4.6
27.12.	15	8	-14	10	-4.5
11.1.	16	10	-17	40	-4.4
26.1.	17	18	-20	17	-4.3
10.2.	18	32	-21	15	-4.2
25.2.	19	47	-20	8	-4.1
12.3.	21	1	-16	53	-4.0
27.3.	22	12	-11	52	-4.0
11.4.	23	21	- 5	35	-3.9
26.4.	0	29	+ 1	20	-3.9

Mars

Datum	AR h	AR m	d °	d '	Mag.
1.4.	23	36	- 3	41	+1.2
16.4.	0	19	+ 1	1	+1.2
1.5.	1	2	+ 5	37	+1.2
16.5.	1	44	+ 9	58	+1.2
31.5.	2	27	+13	54	+1.3
15.6.	3	11	+17	17	+1.3
30.6.	3	55	+20	1	+1.3
15.7.	4	40	+22	1	+1.3
30.7.	5	24	+23	15	+1.3
14.8.	6	8	+23	42	+1.3
29.8.	6	50	+23	26	+1.3
13.9.	7	31	+22	31	+1.2
28.9.	8	9	+21	6	+1.1
13.10	8	45	+19	19	+1.0
28.10	9	18	+17	19	+0.9
12.11	9	48	+15	16	+0.8
27.11	10	13	+13	24	+0.5
12.12	10	34	+11	53	+0.3
27.12	10	48	+11	0	-0.0
11.1.	10	53	+11	1	-0.4
26.1.	10	48	+12	4	-0.8
10.2.	10	32	+13	59	-1.1
25.2.	10	10	+16	4	-1.2
12.3.	9	49	+17	26	-0.9
27.3.	9	39	+17	43	-0.5
11.4.	9	39	+17	2	-0.1
26.4.	9	49	+15	37	+0.2

Jupiter

Datum	AR h	AR m	d °	d '	Mag.
1.4.	7	9	+22	52	-2.2
1.5.	7	22	+22	29	-2.0
31.5.	7	43	+21	44	-1.9
30.6.	8	9	+20	35	-1.8
30.7.	8	36	+19	6	-1.8
29.8.	9	3	+17	24	-1.8
28.9.	9	27	+15	40	-1.9
28.10.	9	45	+14	13	-2.0
27.11.	9	56	+13	23	-2.2
27.12.	9	57	+13	28	-2.4
26.1.	9	47	+14	27	-2.5
25.2.	9	32	+15	45	-2.5
27.3.	9	21	+16	36	-2.4
26.4.	9	20	+16	37	-2.2

Saturn

Datum	AR h	AR m	d °	d '	Mag.
1.4.	0	24	+ 0	15	+0.9
1.5.	0	37	+ 1	38	+0.9
31.5.	0	48	+ 2	44	+0.9
30.6.	0	56	+ 3	23	+0.8
30.7.	0	58	+ 3	29	+0.6
29.8.	0	55	+ 3	1	+0.5
28.9.	0	48	+ 2	10	+0.3
28.10.	0	39	+ 1	18	+0.5
27.11.	0	34	+ 0	49	+0.7
27.12.	0	34	+ 0	58	+0.8
26.1.	0	40	+ 1	42	+0.9
25.2.	0	50	+ 2	53	+0.8
27.3.	1	3	+ 4	18	+0.7
26.4.	1	17	+ 5	43	+0.7

Uranus

Datum	AR h	AR m	d °	d '	Mag.
1.4.	3	46	+19	43	+5.8
26.4.	4	8	+20	50	+5.8

Neptun

Datum	AR h	AR m	d °	d '	Mag.
1.4.	0	10	– 1	19	+8.0
26.4.	0	22	+0	51	+7.9

Pluto

Datum	AR h	AR m	d °	d '	Mag.
1.4.	20	34	– 22	47	+14.5
26.4.	20	43	– 22	51	+14.5

Planeten 2026 / 2027

Geozentrische ekliptikale Koordinaten der Planeten in
Geozentrischer Länge (λ), Breite (β) und Distanz (D) für 0h = 1h MEZ
Distanzen in Dezimalstellen der mittl. Sonne–Erde-Entfernung = 1 (149,60 Mio. km)

Merkur

Datum	λ °	λ ′	β °	β ′	D
1.4.	343	42	-1	18	0.842
11.4.	354	27	-2	24	0.987
21.4.	8	45	-2	36	1.127
1.5.	25	58	-1	55	1.250
11.5.	46	2	-0	29	1.322
21.5.	67	43	+1	12	1.280
31.5.	87	24	+2	8	1.121
10.6.	102	40	+1	47	0.928
20.6.	112	43	+0	13	0.753
30.6.	116	15	-2	14	0.623
10.7.	112	39	-4	30	0.569
20.7.	107	1	-4	40	0.626
30.7.	108	7	-2	40	0.802
9.8.	118	56	-0	10	1.051
19.8.	137	2	+1	28	1.269
29.8.	156	58	+1	43	1.368
8.9.	175	23	+1	1	1.369
18.9.	191	53	-0	7	1.312
28.9.	206	37	-1	23	1.213
8.10	219	22	-2	31	1.075
18.10	228	44	-3	11	0.902
28.10	230	0	-2	31	0.725
7.11	219	10	+0	27	0.690
17.11	215	60	+2	21	0.897
27.11	226	25	+1	58	1.141
7.12	240	58	+0	50	1.310
17.12	256	19	-0	21	1.407
27.12	271	57	-1	21	1.443
6.1.	287	59	-1	59	1.423
16.1.	304	37	-2	4	1.338
26.1.	321	15	-1	15	1.168
5.2.	334	3	+0	50	0.909
15.2.	333	35	+3	21	0.680
25.2.	323	23	+3	11	0.652
7.3.	321	32	+1	2	0.769
17.3.	328	33	-0	53	0.918
27.3.	340	21	-2	3	1.060
6.4.	355	7	-2	27	1.185
16.4.	12	25	-2	1	1.285
26.4.	32	14	-0	47	1.331

Venus

Datum	λ °	λ ′	β °	β ′	D
1.4.	31	38	-0	27	1.569
16.4.	50	2	+0	13	1.509
1.5.	68	17	+0	54	1.438
16.5.	86	21	+1	30	1.356
31.5.	104	13	+1	54	1.263
15.6.	121	48	+2	2	1.160
30.6.	139	3	+1	48	1.051
15.7.	155	50	+1	11	0.935
30.7.	171	58	+0	9	0.816
14.8.	187	7	-1	16	0.696
29.8.	200	43	-3	1	0.578
13.9.	211	41	-4	57	0.465
28.9.	217	58	-6	46	0.365
13.10.	216	38	-7	34	0.293
28.10.	208	26	-5	47	0.274
12.11.	202	57	-2	8	0.316
27.11.	205	58	+0	52	0.400
12.12.	215	26	+2	36	0.504
27.12.	228	35	+3	19	0.615
11.1.	243	49	+3	18	0.729
26.1.	260	14	+2	48	0.842
10.2.	277	22	+1	59	0.953
25.2.	294	56	+1	2	1.059
12.3.	312	47	+0	5	1.161
27.3.	330	47	-0	43	1.257
11.4.	348	54	-1	18	1.348
26.4.	7	4	-1	37	1.431

Mars

Datum	λ °	λ '	β °	β '	D
1.4.	353	7	-1	3	2.295
16.4.	4	48	-0	59	2.271
1.5.	16	22	-0	53	2.245
16.5.	27	47	-0	46	2.218
31.5.	39	1	-0	38	2.186
15.6.	50	3	-0	29	2.151
30.6.	60	51	-0	19	2.110
15.7.	71	24	-0	8	2.062
30.7.	81	43	+0	4	2.006
14.8.	91	45	+0	16	1.941
29.8.	101	29	+0	29	1.866
13.9.	110	54	+0	43	1.781
28.9.	119	56	+0	58	1.686
13.10.	128	32	+1	14	1.580
28.10.	136	35	+1	31	1.465
12.11.	143	57	+1	50	1.341
27.11.	150	24	+2	12	1.212
12.12.	155	38	+2	38	1.082
27.12.	159	10	+3	6	0.954
11.1.	160	25	+3	37	0.838
26.1.	158	52	+4	7	0.746
10.2.	154	30	+4	26	0.689
25.2.	148	39	+4	24	0.681
12.3.	143	38	+4	1	0.721
27.3.	141	7	+3	26	0.802
11.4.	141	27	+2	50	0.908
26.4.	144	10	+2	17	1.029

Jupiter

Datum	λ °	λ '	β °	β '	D
1.4.	105	47	+0	22	5.070
1.5.	108	55	+0	23	5.544
31.5.	113	53	+0	25	5.943
30.6.	119	57	+0	26	6.207
30.7.	126	31	+0	28	6.301
29.8.	133	4	+0	31	6.214
28.9.	139	3	+0	35	5.955
28.10.	143	49	+0	41	5.560
27.11.	146	36	+0	47	5.095
27.12.	146	42	+0	55	4.666
26.1.	144	6	+1	1	4.400
25.2.	140	14	+1	4	4.393
27.3.	137	27	+1	3	4.649
26.4.	137	15	+1	1	5.073

Saturn

Datum	λ °	λ '	β °	β '	D
1.4.	5	33	-2	-2	10.484
1.5.	9	9	-2	-2	10.325
31.5.	12	9	-2	-2	9.979
30.6.	14	8	-2	-2	9.513
30.7.	14	44	-2	-2	9.025
29.8.	13	50	-2	-2	8.631
28.9.	11	49	-2	-2	8.441
28.10.	9	33	-2	-2	8.518
27.11.	8	6	-2	-2	8.839
27.12.	8	10	-2	-2	9.307
26.1.	9	47	-2	-2	9.789
25.2.	12	38	-2	-2	10.167
27.3.	16	11	-2	-2	10.361
26.4.	19	57	-2	-2	10.337

Uranus

Datum	λ °	λ '	β °	β '	D
1.4.	58	45	−0	10	20.135
27.4.	64	2	−0	7	20.290

Neptun

Datum	λ °	λ '	β °	β '	D
1.4.	2	12	−1	18	30.868
27.4.	5	17	−1	21	30.729

Pluto

Datum	λ °	λ '	β °	β '	D
1.4.	305	13	−3	57	35.877
27.4.	307	9	−4	31	35.752

Mond 2026 / 2027

Länge 0° = Frühlingspunkt, Geozentrische Länge (λ) und Breite (β)

	April				Mai				Juni			
	λ		β		λ		β		λ		β	
	°	'	°	'	°	'	°	'	°	'	°	'
1.	178	28	-1	45	212	31	-4	10	257	28	-4	51
2.	191	11	-2	47	224	40	-4	40	269	20	-4	30
3.	203	42	-3	40	236	43	-4	57	281	13	-3	57
4.	216	2	-4	22	248	40	-5	2	293	7	-3	14
5.	228	12	-4	51	260	33	-4	53	305	7	-2	21
6.	240	13	-5	7	272	24	-4	31	317	16	-1	22
7.	252	9	-5	9	284	17	-3	58	329	37	-0	18
8.	264	1	-4	58	296	15	-3	14	342	15	+0	49
9.	275	54	-4	34	308	22	-2	20	355	15	+1	55
10.	287	53	-3	58	320	42	-1	19	8	41	+2	57
11.	300	2	-3	11	333	22	-0	13	22	34	+3	51
12.	312	26	-2	15	346	26	+0	56	36	57	+4	32
13.	325	9	-1	10	359	57	+2	4	51	45	+4	57
14.	338	17	+0	1	13	57	+3	7	66	53	+5	1
15.	351	50	+1	13	28	26	+4	0	82	11	+4	44
16.	5	50	+2	24	43	19	+4	39	97	27	+4	7
17.	20	14	+3	27	58	28	+4	58	112	31	+3	13
18.	34	56	+4	17	73	43	+4	57	127	14	+2	7
19.	49	50	+4	51	88	53	+4	35	141	31	+0	55
20.	64	47	+5	6	103	47	+3	54	155	20	-0	18
21.	79	36	+4	59	118	19	+2	59	168	41	-1	28
22.	94	13	+4	33	132	26	+1	55	181	38	-2	32
23.	108	31	+3	51	146	6	+0	45	194	14	-3	26
24.	122	28	+2	55	159	22	-0	25	206	34	-4	9
25.	136	6	+1	51	172	17	-1	32	218	43	-4	40
26.	149	24	+0	42	184	55	-2	32	230	42	-4	59
27.	162	26	-0	27	197	19	-3	25	242	37	-5	4
28.	175	13	-1	34	209	33	-4	7	254	30	-4	57
29.	187	49	-2	35	221	38	-4	37	266	22	-4	36
30.	200	14	-3	27	233	39	-4	55	278	16	-4	3
31.					245	35	-4	59				

	Juli				August				September			
	λ		β		λ		β		λ		β	
	°	'	°	'	°	'	°	'	°	'	°	'
1.	290	12	- 3	20	336	9	+ 0	35	25	25	+ 4	21
2.	302	13	- 2	27	348	53	+ 1	43	39	10	+ 4	56
3.	314	21	- 1	27	1	50	+ 2	47	53	5	+ 5	14
4.	326	38	- 0	22	15	2	+ 3	44	67	10	+ 5	14
5.	339	6	+ 0	45	28	31	+ 4	30	81	22	+ 4	54
6.	351	49	+ 1	52	42	17	+ 5	1	95	38	+ 4	17
7.	4	51	+ 2	54	56	21	+ 5	15	109	57	+ 3	23
8.	18	14	+ 3	48	70	41	+ 5	10	124	15	+ 2	17
9.	32	1	+ 4	32	85	15	+ 4	46	138	29	+ 1	2
10.	46	12	+ 4	60	99	57	+ 4	2	152	34	- 0	15
11.	60	47	+ 5	9	114	42	+ 3	2	166	27	- 1	30
12.	75	41	+ 4	59	129	22	+ 1	51	180	4	- 2	39
13.	90	45	+ 4	27	143	51	+ 0	33	193	23	- 3	37
14.	105	52	+ 3	37	158	3	- 0	46	206	24	- 4	23
15.	120	52	+ 2	33	171	54	- 1	60	219	5	- 4	54
16.	135	35	+ 1	19	185	22	- 3	5	231	30	- 5	11
17.	149	55	+ 0	2	198	26	- 3	58	243	40	- 5	13
18.	163	49	- 1	14	211	9	- 4	38	255	40	- 5	2
19.	177	16	- 2	22	223	34	- 5	4	267	34	- 4	37
20.	190	18	- 3	21	235	44	- 5	16	279	25	- 4	1
21.	202	58	- 4	9	247	43	- 5	14	291	21	- 3	14
22.	215	19	- 4	44	259	37	- 4	58	303	24	- 2	19
23.	227	27	- 5	5	271	29	- 4	30	315	40	- 1	16
24.	239	26	- 5	13	283	24	- 3	50	328	12	- 0	8
25.	251	19	- 5	7	295	25	- 2	59	341	2	+ 1	2
26.	263	11	- 4	48	307	37	- 2	0	354	11	+ 2	10
27.	275	5	- 4	16	319	60	- 0	54	7	41	+ 3	13
28.	287	2	- 3	34	332	36	+ 0	15	21	27	+ 4	5
29.	299	6	- 2	41	345	27	+ 1	25	35	28	+ 4	44
30.	311	17	- 1	40	358	32	+ 2	32	49	38	+ 5	6
31.	323	38	- 0	34	11	52	+ 3	32				

	Oktober				November				Dezember			
	λ		β		λ		β		λ		β	
	°	′	°	′	°	′	°	′	°	′	°	′
1.	63	54	+ 5	9	117	27	+ 2	30	155	34	- 1	2
2.	78	10	+ 4	53	131	27	+ 1	21	168	60	- 2	9
3.	92	25	+ 4	19	145	12	+ 0	9	182	7	- 3	8
4.	106	34	+ 3	30	158	42	- 1	2	194	58	- 3	56
5.	120	38	+ 2	28	171	59	- 2	8	207	36	- 4	32
6.	134	33	+ 1	18	185	4	- 3	7	220	2	- 4	54
7.	148	21	+ 0	4	197	58	- 3	55	232	20	- 5	2
8.	161	59	- 1	9	210	41	- 4	30	244	28	- 4	56
9.	175	27	- 2	17	223	14	- 4	52	256	30	- 4	37
10.	188	43	- 3	17	235	36	- 4	60	268	26	- 4	6
11.	201	46	- 4	5	247	48	- 4	53	280	17	- 3	24
12.	214	35	- 4	40	259	50	- 4	34	292	5	- 2	34
13.	227	9	- 4	60	271	45	- 4	2	303	53	- 1	37
14.	239	29	- 5	6	283	34	- 3	21	315	43	- 0	35
15.	251	37	- 4	58	295	22	- 2	31	327	41	+ 0	29
16.	263	35	- 4	37	307	12	- 1	33	339	50	+ 1	33
17.	275	27	- 4	4	319	10	- 0	32	352	16	+ 2	34
18.	287	16	- 3	20	331	22	+ 0	33	5	4	+ 3	29
19.	299	10	- 2	28	343	52	+ 1	37	18	18	+ 4	15
20.	311	11	- 1	29	356	46	+ 2	39	32	1	+ 4	48
21.	323	27	- 0	25	10	7	+ 3	34	46	15	+ 5	5
22.	336	0	+ 0	42	23	59	+ 4	18	60	57	+ 5	3
23.	348	57	+ 1	49	38	18	+ 4	48	76	0	+ 4	40
24.	2	18	+ 2	52	53	2	+ 5	0	91	17	+ 3	57
25.	16	5	+ 3	47	68	2	+ 4	52	106	35	+ 2	57
26.	30	14	+ 4	29	83	9	+ 4	23	121	44	+ 1	44
27.	44	42	+ 4	55	98	13	+ 3	36	136	36	+ 0	26
28.	59	21	+ 5	2	113	4	+ 2	35	151	3	- 0	52
29.	74	4	+ 4	49	127	37	+ 1	25	165	4	- 2	4
30.	88	43	+ 4	18	141	47	+ 0	11	178	38	- 3	8
31.	103	12	+ 3	30					191	47	- 3	59

	Januar				Februar				März				April			
	λ		β		λ		β		λ		β		λ		β	
	°	'	°	'	°	'	°	'	°	'	°	'	°	'	°	'
1.	204	36	- 4	37	250	25	- 4	58	258	46	- 4	38	302	17	- 1	31
2.	217	7	- 5	1	262	19	- 4	30	270	41	- 4	1	314	11	- 0	28
3.	229	24	- 5	10	274	9	- 3	50	282	30	- 3	15	326	13	+ 0	37
4.	241	31	- 5	5	285	57	- 3	0	294	18	- 2	19	338	29	+ 1	41
5.	253	30	- 4	47	297	47	- 2	3	306	10	- 1	18	351	2	+ 2	42
6.	265	24	- 4	16	309	40	- 0	60	318	8	- 0	13	3	52	+ 3	35
7.	277	15	- 3	35	321	39	+ 0	6	330	17	+ 0	54	17	1	+ 4	19
8.	289	4	- 2	44	333	46	+ 1	13	342	37	+ 1	59	30	28	+ 4	49
9.	300	53	- 1	46	346	3	+ 2	17	355	11	+ 2	59	44	9	+ 5	3
10.	312	45	- 0	43	358	31	+ 3	16	7	59	+ 3	51	58	2	+ 4	60
11.	324	41	+ 0	22	11	11	+ 4	6	21	1	+ 4	33	72	3	+ 4	39
12.	336	44	+ 1	27	24	7	+ 4	45	34	17	+ 5	0	86	9	+ 4	1
13.	348	58	+ 2	29	37	19	+ 5	9	47	45	+ 5	12	100	16	+ 3	8
14.	1	27	+ 3	26	50	49	+ 5	18	61	25	+ 5	6	114	24	+ 2	3
15.	14	13	+ 4	13	64	39	+ 5	8	75	16	+ 4	43	128	30	+ 0	51
16.	27	21	+ 4	49	78	47	+ 4	40	89	18	+ 4	2	142	35	- 0	23
17.	40	54	+ 5	10	93	14	+ 3	54	103	28	+ 3	6	156	36	- 1	36
18.	54	54	+ 5	14	107	55	+ 2	51	117	47	+ 1	58	170	33	- 2	43
19.	69	20	+ 4	59	122	46	+ 1	37	132	11	+ 0	43	184	22	- 3	39
20.	84	8	+ 4	23	137	39	+ 0	16	146	37	- 0	36	198	1	- 4	22
21.	99	13	+ 3	29	152	27	- 1	6	160	60	- 1	51	211	28	- 4	50
22.	114	26	+ 2	19	167	2	- 2	22	175	16	- 2	59	224	39	- 5	1
23.	129	37	+ 1	0	181	19	- 3	27	189	18	- 3	55	237	32	- 4	57
24.	144	36	- 0	22	195	12	- 4	18	203	4	- 4	36	250	9	- 4	38
25.	159	15	- 1	42	208	40	- 4	54	216	29	- 5	1	262	28	- 4	6
26.	173	30	- 2	53	221	42	- 5	13	229	32	- 5	9	274	34	- 3	24
27.	187	17	- 3	51	234	22	- 5	15	242	14	- 5	1	286	29	- 2	33
28.	200	37	- 4	35	246	42	- 5	4	254	36	- 4	39	298	19	- 1	36
29.	213	32	- 5	3					266	43	- 4	6	310	8	- 0	35
30.	226	5	- 5	16					278	39	- 3	21	322	2	+ 0	28
31.	238	21	- 5	14					290	28	- 2	29				

Reisen mit Wolfgang Held

Studienreise
‹Polarlicht in Nordfinnland›
15. bis 21. März 2026

Zwölfmal war ich in Lappland mit Polarlichtinteressierten und bis auf eine Ausnahme schenkte uns Nordreisenden der Himmel die eindrucksvolle Erscheinung der grün und rot glimmenden Lichtvorhänge. «Transparent-transzendent», so nannte ein Teilnehmer unserer Reise das Polarlicht. Der Polarforscher Scott schreibt: «Es ist nicht möglich, Zeuge einer solchen Schönheitserscheinung zu sein, ohne Sinn für heilige Ehrfurcht.» Jetzt erreichen die Sonnenflecken ihr Maximum, sodass mit starkem Polarlicht zu rechnen ist.

Reisepreis: ca. 2250 € · EZ-Zuschlag: 280 €

Für alle Reisen:
Anmeldung: SRS Studienreisen · Postfach 33 02 52 · 14172 Berlin
Telefon: +49 30 895 100 03 · Mail: info@srs-studienreisen.de
Information: www.srs-studienreisen.de, www.wolfgangheld.de

Studienreise
‹Das antike Griechenland›
Oktober 2026

Im antiken Griechenland ist alles Gleichgewicht – Wissenschaft und Mythos, Schönheit und Wahrheit. Griechenland ist mit Delphi, Epidaurus und Olympia die Geburtsstätte der modernen freien Persönlichkeit. Durch Griechenland zu reisen heißt deshalb, an den Anfang zu gehen. Wie oft in der Geschichte ist im Anfang schon alles vorhanden; deshalb ist diese Wiege der europäischen Kultur voller Inspirationen für Gegenwart und Zukunft unserer Kultur.
Zwölf Tage Studienreise, Inselrundfahrt Ägina, Besuch der Mysterienstätten Samothrake, Epidaurus, Mykene, Olympia, Delphi, Athen und Kap Sounion.

Reisepreis: ca. 3250 € · EZ-Zuschlag: 595 €

Vorblick: Studienreise ‹Ägypten›, Oktober/November 2027